义利螺旋

ESG投资的逻辑与方法

RESPONSIBILITY & PROFIT SPIRAL
IN ESG INVESTMENT

Logics and Approaches

陈璞 —— 著

人民东方出版传媒
People's Oriental Publishing & Media

图书在版编目（CIP）数据

义利螺旋：ESG 投资的逻辑与方法 / 陈璞 著 . — 北京：东方出版社，2023.1
ISBN 978-7-5207-3009-9

Ⅰ. ①义… Ⅱ . ①陈… Ⅲ . ①环保投资 Ⅳ . ① X196

中国版本图书馆 CIP 数据核字（2022）第 182951 号

义利螺旋：ESG 投资的逻辑与方法
（YILI LUOXUAN：ESG TOUZI DE LUOJI YU FANGFA）

作　　者：陈　璞
责任编辑：王学彦　申　浩
责任审校：孟昭勤
出　　版：东方出版社
发　　行：人民东方出版传媒有限公司
地　　址：北京市东城区朝阳门内大街 166 号
邮　　编：100010
印　　刷：北京明恒达印务有限公司
版　　次：2023 年 1 月第 1 版
印　　次：2023 年 1 月第 1 次印刷
开　　本：660 毫米 ×960 毫米　1/16
印　　张：19
字　　数：229 千字
书　　号：ISBN 978-7-5207-3009-9
定　　价：69.00 元
发行电话：（010）85924663　85924644　85924641

目　录

4. 超级价值发现

5. 可持续性增长：进入复利神话

6. ESG 投资的七种基本策略

7. 典型案例分析

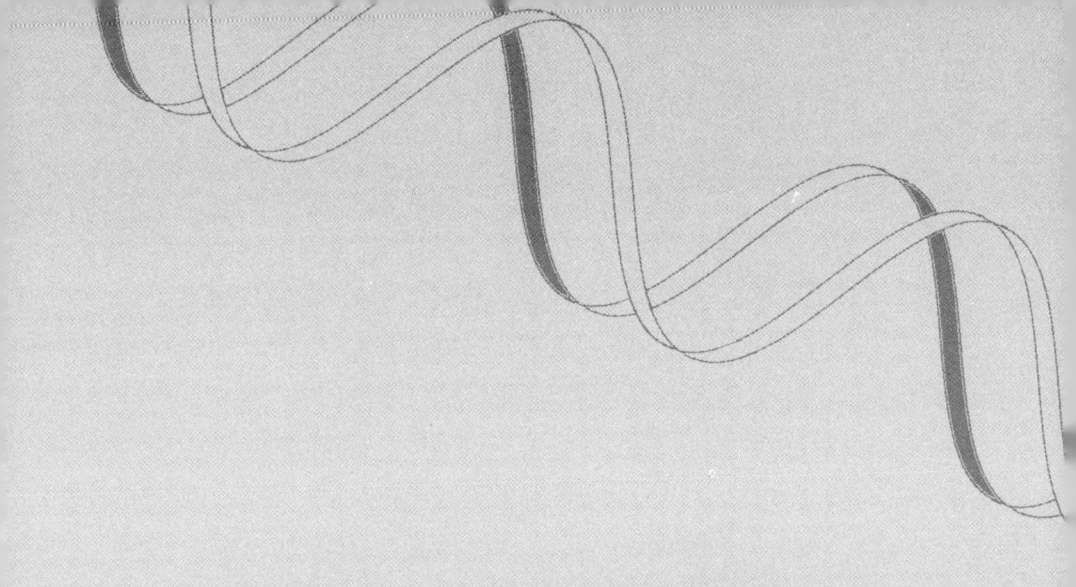

- 1 -

绿巨人崛起

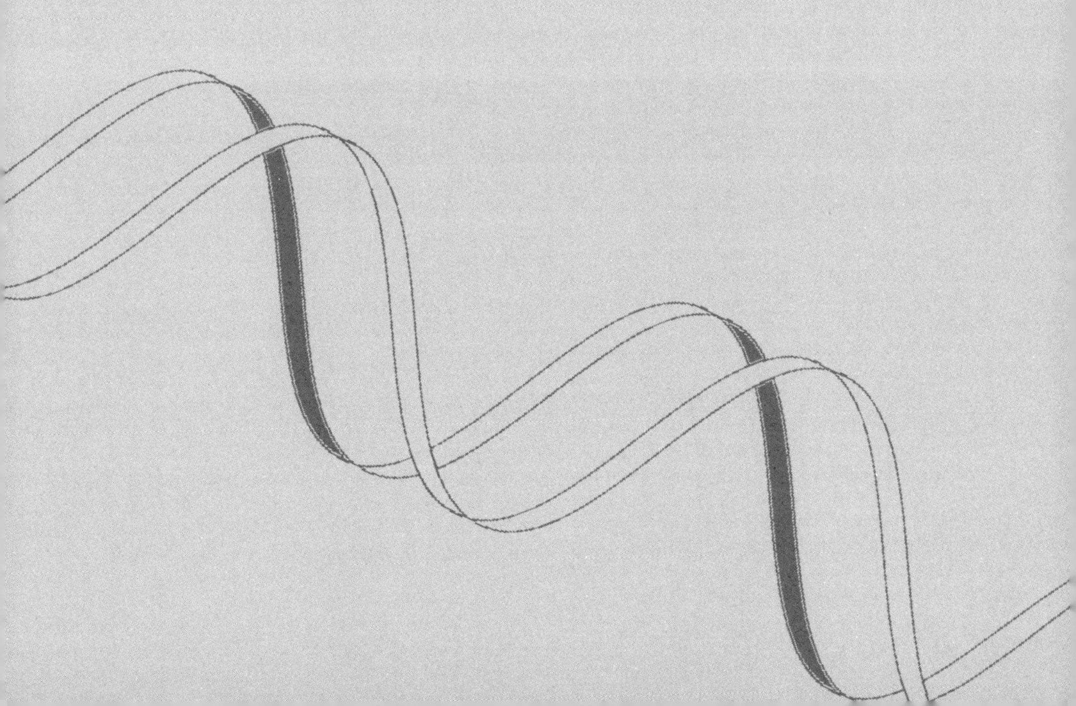

引领绿色复苏的 ESG 投资

在绿色复苏中崛起

2020 年以来，新冠病毒重创世界经济，正当人们深陷绝望之时，一股拉动复苏的巨额资金力量却在黑暗中悄然汇聚。这道再造明日繁华的希望之光，就是本书要讲的主题——ESG 投资。

ESG 是环境（Environment）、社会（Social）和公司治理（Corporate Governance）三个英文单词的缩写，围绕这三类非财务性指标展开系统化分析，从而决定投资策略的活动，就叫作 ESG 投资。ESG 投资不像传统投资那样，眼睛只盯着财务数据，而是综合考虑主体履行社会责任的 ESG 表现，依托 ESG 指标体系，进行资产配置、估值和交易等投资决策。

在这个过程中，ESG 议题呈现为具体的社会责任，相关履责情况成为独立的投资评估要素，因此 ESG 投资也被称为责任投资。实践中，ESG 指标与公司可持续发展能力高度相关，从这个角度来看，ESG 投资还有可持续投资的别称。

新冠肺炎疫情使人类认识到，经济发展与环境、社会的矛盾问题已经十分尖锐。科学证明，环境污染导致的气候变化不仅会带来高温、洪水、酸雨、海平面上升等自然灾害，而且会通过变异病原体性质、强化病毒传播能力、降低人类和动物自身免疫力等方式，破坏生态平衡，加重病毒的全球扩散和流行。

本着这些基本认识，全球各主要经济体不约而同地走上“绿色复苏”道路。

2020 年 6 月，国际能源署提出绿色复苏计划，倡议全球各主要国家携手推动全球“绿色复苏”，在未来三年内（2021—2023 年），聚焦电力、交通、工业、建筑、燃料以及新兴低碳技术六个关键领域，按照绿色能源和环境保护相关标准和规范，每年投资约 1 万亿美元，推动世界经济在复苏过程中切入绿色轨道。

欧盟积极响应绿色复苏计划，制定了 7 年 1.1 万亿欧元的中期预算，并提出总额 7500 亿欧元的欧洲复苏计划。该计划明确：“复苏计划将化危为机，最终目的不仅要支持深受疫情冲击的地区经济复苏，而且要面向未来。”[①] 为助力交通运输业加快实现脱碳目标，欧盟顺势提出，要通过“连接欧洲设施”基金，向 140 个关键运输项目提供近 22 亿欧元投资。

2020 年 11 月，英国首相鲍里斯·约翰逊提出“英国绿色工业革命十点计划”，要动用 120 亿英镑推动绿色复苏。投资领域涉及碳捕集、氢能、核能、电动汽车、住宅和公共建筑、绿色航运等多个方面，预计新增超过 25 万个就业机会。约翰逊表示：“环境复苏和经济复兴必须同步推进……这是一个人类共同面对的全球性挑战——世界各国都需要采取行动，为我们的子孙后代保护地球的未来。”

---

① 《欧盟绿色复苏迎难而上》，中国经济网官方帐号 ,https://baijiahao.baidu.com/s?id=1669790539750183516&wfr=spider&for=pc

2020 年 12 月，美国联邦储备委员会宣布加入“央行绿色金融网络”（NGFS），积极响应《巴黎协定》目标。美国总统拜登上台后，于 2021 年 1 月 20 日签署文件，重返《巴黎协定》。在美国国内，《清洁经济工作和创新法案》等系列政策得到实质性推进。《清洁经济工作和创新法案》致力于促进燃煤发电厂和天然气发电厂的碳捕集与储能技术进步，将在电动车、社区太阳能发电、气候环境正义等领域开展关键性投资，对减少气候变化、降低空气污染和促进低碳转型等起到关键作用。

2020 年 9 月 21 日，习近平主席在第 75 届联合国大会上郑重表态：“中国将提高国家自主贡献力度，采取更加有力的政策和措施，二氧化碳排放力争于 2030 年前达到峰值，努力争取 2060 年前实现碳中和。”[①] 中国经济总量位居世界第二，是世界最大的能源消费国和可再生能源生产国，中国的表态，意味着“绿色复苏”已经成为全球共识。

ESG 的由来

ESG 投资最早萌芽于宗教伦理对资本活动的积极影响，宗教人士出于对道德禁忌的恪守，逐渐孕育出一种“伦理投资”观念。早在 17 世纪，新教教派贵格会（Quakers）积极倡导人与人之间的平等和友爱，旗帜鲜明地反对暴力和战争。教义要求贵格会信徒不得从军火和贩奴的交易中获利，后逐步演化成一种流行的投资标准和规范。

---

① 光明日报记者张蕾：《生态文明建设：绘就人与自然和谐共生的中国画卷》，光明网，https://m.gmw.cn/baijia/2022-08/30/35986864.html

美国卫理会（The Methodist Church）教派创始人约翰·卫斯理（John Wesley）认为，合乎道德的投资，是《圣经》向信众们提出的第二大神圣义务。1760 年，卫斯理在其名著《论金钱的使用》中提出，“使用金钱的人，不应该参与罪恶的交易”，敦促该教的信众，要当现世财富的“善良管理人”，避免从对亲友们的伤害中获利。

之后，这个原则得到社会广泛认可，伦理投资者们谨遵戒条，将军火、奴隶交易、酒精、烟草、赌博等项目列入负面清单，排除在投资标的范围以外，逐步形成 ESG 投资的雏形。

进入 20 世纪，投资活动成为西方社会推动政治议程、履行社会责任的工具。为支持禁酒运动，投资人将资金从酒类饮品中撤出；为反对南非的种族隔离暴行，投资人全面撤资南非；为表达反对越战的政治立场，投资人将军火商的股票从投资组合中剔除。

这一时期，全球第一只社会责任投资基金帕斯全球基金（Pax World Fund），以及德来福斯第三世纪基金（Dreyfus Third Century）、巴那塞斯基金（Paunasus Fund）、新替代能源基金（New Alternatives）、卡尔弗特社会平衡基金（Calvert Social Balanced Fund）等早期社会责任投资基金应运而生。

20 世纪后半期，切尔诺贝利核电站事故、埃克森石油公司原油泄漏以及全球频发的气候异常等环境问题凸显，引发了投资人对环境保护议题的关切。

1987 年，联合国出版《我们共同的未来》，该报告由挪威前首相、联合国世界环境与发展委员会主席格罗·哈莱姆·布伦特兰（Gro Harlem Brundtland）撰写，因此也被称为“布伦特兰报告”。该报告聚焦可持续发展的国际合作，首次将环境保护纳入联合国政治议程。

进入 21 世纪，全球金融危机和财务造假丑闻将投资人的注意力引向公司治理。人们逐渐认识到，社会与环境问题和企业主体的连接点，在于公司的外部监管和内部治理，只有从公司治理的角度入手，才能将上述议题纳入一个统一的系统框架之中。

2004年，高盛公司完成了ESG指标体系化的关键一步。在《全球能源：对能源部门的可持续投资》报告中，高盛首次提出依环境、社会和公司治理三个指标维度，创建系统性指标框架，用以评估投资对象的可持续发展能力。

2006年，联合国秘书长安南提出的“负责任投资原则（PRI）”，在纽约证券交易所正式启用。该原则不仅提高了ESG框架的适用层级，而且首次将“负责任”概念定义到ESG框架上。PRI认为，责任投资是“将环境、社会和公司治理因素纳入投资决策和积极履行所有权的一种投资策略和实践，鼓励投资者通过责任投资实现社会价值、降低风险并取得长期收益”。

国际资金池的水龙头

根据《全球可持续投资报告》（GSIR）2020年度报告的数据，截至2020年年初，中国之外的全球五大主要资本市场（美国、欧洲、加拿大、澳大利亚、日本）的可持续投资金额达到35.3万亿美元，这个数字占投资机构在管总资产的35.9%。具体来看，加拿大市场可持续投资资产占比最高，达到62%；欧洲其次，为42%；澳大利亚第三，为38%；美国第四，为33%；日本最后，为24%。

2018—2020年，除了欧洲市场因为修订统计方法导致其13%的负增长外，其他四个市场的可持续投资金额均实现了令人瞩目的高速增长，增长最快的是加拿大，达到48%；美国紧随其后，达到42%；日本为34%；澳大利亚为25%。

从微观来看，重量级市场主体纷纷出台 ESG 战略。2020 年年初，全球最大的资产管理公司贝莱德（BlackRock）在《致企业首席执行官的信》中指出："气候变化已经成为影响企业长期发展的一个决定性因素。" ESG 投资将成为重塑资管行业的新规则。贝莱德宣布，将从 2021 年开始增设气候风险评估模块（Aladdin Climate），帮助投资人对气候变化风险进行评估。2021 年 3 月，贝莱德宣布推出两只 ESG 主题的固定收益交易所交易基金：绿色债券基金 UCITSETF（GRON）和全球政府债券气候基金 UCITSETF（CGGD）。

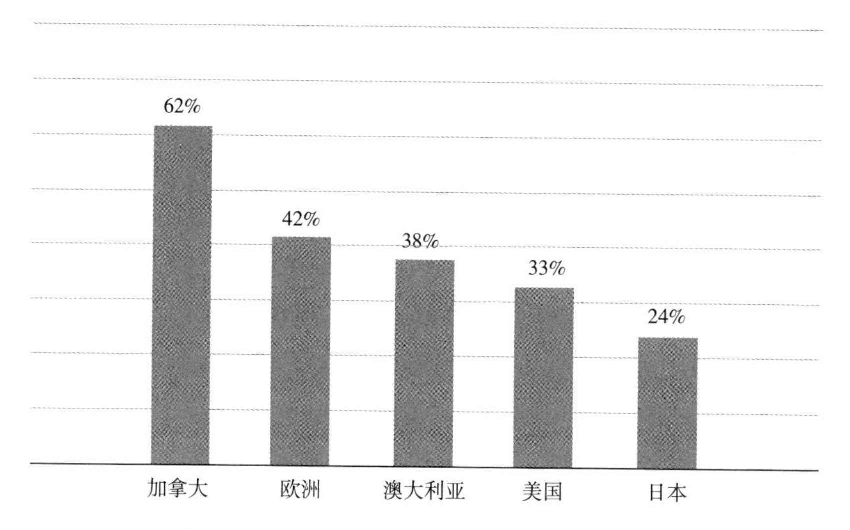

图 1-1 全球五大资本市场可持续投资占比（2020 年）

数据来源：《全球可持续投资报告》（2020）

2020 年 12 月，全球最大的养老基金——日本政府养老金投资基金（GPIF）宣布积极拥抱 ESG 投资，已经向两只新选定的 ESG 被动指数基金投入 1.3 万亿日元，约折合 125 亿美元。

2021 年 2 月，高盛银行美国首席执行官凯里 · 哈里欧（Carey

Halio）表示，2030 年以前，预计会在 ESG 领域部署 7500 亿美元投资项目，这些项目主要以债券的方式进行，并作为高盛面向未来的核心战略持续开展，今后，预计每隔 12—18 个月，就发行一次 ESG 债券。花旗公司（Citi）推出花旗 ESG 世界系列指数（Citi ESG World），为全球一流 ESG 投资者提供服务。

不难发现，ESG 正在成为国际资本蓄水池的水龙头。相关研究估计，2050 年之前，全球主要的资本项目都将主动或者被动接受 ESG 筛选，那些无法通过 ESG 指标测试的项目将会失去接触国际资本的机会。

中国来了

从国内来看，根据中国责任投资论坛（China SIF）统计，责任投资金额总体规模虽然还不够大，但是政策支持的信号已经非常明显。

2020 年，中国可统计的绿色信贷余额达到 11.55 万亿元人民币，绿色债券发行总额 1.16 万亿元人民币，泛 ESG 公募证券基金规模 1209.72 亿元人民币，社会债券规模 7827.76 亿元人民币，绿色产业基金实际出资 976.61 亿元人民币。

2020 年以来，ESG 投资在国内持续升温，呈现出几近爆发的增长态势。9 月，招商银行在卢森堡绿色交易所挂牌上市首支可持续发展债券。12 月，港交所成立可持续及绿色交易所“STAGE”。新华社中国经济信息社与中国平安集团联合发布“新华 CN-ESG 评价体系”。

2021 年 3 月，国家开发银行面向全球投资人发行首单“碳中和”主题“债券通”绿色金融债券。一期发行约 200 亿元人民币，是目前市场上发行金额最大的“双碳”专题绿色债券。6 月，国家开发银行宣布在“十四五”期间设立总规模5000亿元的“双碳”专项贷款，其中 2021 年安排发放 1000 亿元。

4 月，全市场首批 ESGETF 获批上市，浦银安盛、鹏华和富国等三家基金公司获批发行 4 只 ESGETF，进一步丰富 A 股市场 ESG 投资工具种类。

5 月，首支 ESG 保险资管产品——金色增盈 6 号，由保险资管公司长江养老保险股份有限公司首次推出。

随后，国内保险资管行业编制的首个 ESG 债券指数——“中债—国寿资产 ESG 信用债精选指数”于 6 月 30 日正式发布，该指数由国寿保险联合中债估值中心共同编制。

7 月，国网兴业设立我国首支“双碳”主题的产业基金母基金，首期认缴资金 10 亿元，预计“十四五”期间能够达到 150 亿元规模。

7 月 16 日，上海能源交易所正式启动全国碳排放权交易，当日交易总量 410.40 万吨，总交易额 2.1 亿元人民币。首批参加交易的发电行业重点单位超过 2162 家，这些企业的排放总额超过 40 亿吨二氧化碳，从规模来看，位居世界之首。

7 月 24 日，央行有关负责人就 ESG 投资明确表达支持态度：“积极促进市场建设，推动 ESG 投资与固定收益产品相结合。丰富 ESG 投资运用领域，引导养老金、保险、社保等具有一定社会属性的长期资金进入 ESG 投资市场，并纳入考评体系，丰富绿色债券市场资金来源。”①

① 上海证券报：《监管层释放深化绿色金融布局“强音”引导长期资金入场》，转自新华网官方账号：https://baijiahao.baidu.com/s?id=1706308806782770524&wfr=spider&for=pc

资本向善：ESG 投资的历史机理

理性的滥用

投资活动作为一种资本现象，最早起源于由启蒙运动开启的现代化征程。资本主义高举理性大旗，以反抗神权统治的名义，逐步将理性抬升到无以复加的最高统治地位。直至理性以科学的名义，对人类社会全部观念基础进行资格审查时，它的权力滥用风险才慢慢流溢出来。问题集中体现为经济理论对道德原则的排斥。

曼德维尔最早从经济上为“恶”正名，他说：“没有恶德，任何社会都无法变得富强，都无法获得现世的最大光荣。”[①]

亚当·斯密以其著名的“无形之手”，为市场经济奠定理论假设。他解释道：“他管理产业的方式目的在于使其生产物的价值能达到最大限度，他所盘算的也只是他自己的利益。在这场合，像在其他许多场合一样，他受着一只看不见的手的指导，去尽力达到一个并非他本意想要达到的目的。也并不因为事非出于本意，就对社会

① 转引自：〔英〕琼·罗宾逊著：《经济哲学》，安佳译，商务印书馆 2011 年版，第 19 页。

有害。他追求自己的利益，往往使他能比在真正出于本意的情况下更有效地促进社会的利益。”[①]

若说斯密不关心道德问题，那是显失公平的，斯密理论恰恰是从道德原理出发的。斯密的精妙之处在于，他试图用同一个制度框架，调和个人私利与社会整体利益，使二者达成理论上的和谐一致。但是，斯密的理论成功，反而更强化了问题的复杂性和隐蔽性：随着“理性经济人”的“自私自利”基础被广泛接受，经济行为似乎取得了一种道德中性的豁免地位，从而免于道德责任的诘究。

在这个理论进路上，新古典主义走得更远。

新古典主义以“边际效用”为创新概念，认为经济体系的目标是追求效用最大化。“效用”是个强主观性的概念，简单说，就是欲望的满足度。欲望在其实现过程中，具有满足感递减的规律。

比如，有个人爱吃包子，当他吃第一个的时候，满足感很强；吃第二个时，这种快感就开始下降了；吃到第三个时，他感到饱了，不想再吃了；继续吃第四个，满足感将转为负值，成为痛苦感；如果被逼吃第五个，那简直就是惩罚了。

新古典主义追求“边际效用”最大化，必然要以最大限度的个人自由为前提。原因很简单，欲望是主观的，有人吃一个包子都会反胃吐出来，所以，效用的计量必须以个人偏好为前提。就社会整体来说，必须以个体的自由选择为基础，才有可能达到“边际效用”最大化。

这种理论取向，成为一种深刻的哲学辩护，进一步增强了自由市场排斥道德原则的合理性。对此，琼·罗宾逊评论道：“这是一种

---

① 〔英〕亚当·斯密著：《国民财富的性质和原因的研究（下卷）》，郭大力、王亚南译，商务印书馆 1974 年版，第 27 页。

终结各种意识形态的意识形态，因为它彻底排除了道德问题。对每一个人来说，唯一需要做的就是获取利益的自利行为。”[①]

另一方面，新古典主义迎合20世纪的实证主义思潮，在方法论上追求绝对科学化，试图把经济学打造成物理学那样价值无涉的纯粹科学。理性主义的这种僭越冲动，体现为对数学工具的膜拜，要将经济分析框架彻底数学化，从中剔除道德这个明显的形而上因素。

道德回归

ESG投资作为对“理性滥用”的纠正，作为资本对道德的回归，在观念上得到两种历史力量的驱动。

首先是宗教原教旨主义对伦理原则的坚守。随着启蒙运动的胜利，西方神权世界基础意识形态提供者——基督教，却转头成为驱动资本主义发展的一种观念内核。这个转向颇显历史之吊诡。马克斯·韦伯为我们剥出了其中回环曲折的逻辑布图。

韦伯分析指出：通过路德、加尔文等人的宗教改革，新教修改了天主教的伦理规范，将个人追逐尘世利益的经济活动纳入上帝的意愿予以认可。创造经济利润从而变成人对上帝的神圣义务，成为一种宗教美德。“这种至善被如此单纯地认为是目的本身，以致从对于个人的幸福或功利的角度来看，它显得是完全先验的和绝对非理性的。”[②]

这在实践上导致两条现实的行为导引。第一，既得利润不能用来追求奢侈的个人消费，只能通过投资促成不断的金钱增长。因为

① 〔英〕琼·罗宾逊著：《经济哲学》，安佳译，商务印书馆2011年版，第61页。

② 〔德〕马克斯·韦伯著：《新教伦理与资本主义精神》，于晓、陈维纲等译，生活·读书·新知三联书店1987年版，第37页。

花钱不是目的，赚钱才是。对于新教教徒来说，不停投资赚钱就是对上帝尽义务，这个活动本身独立构成人生的终极目的。

第二，投资活动要遵循伦理原则。因为投资赚钱的目的不在于扩大个人花销，所以切断了消费欲望的底层驱动，从而也就抑制了违背伦理规范的原始感性冲动。

历史地看，ESG 投资最早溯源到新教贵格会的“伦理投资”，就是这股观念力量直接发力的结果。

另外一股力量来自理论家的现代性批判。马克思最早看出，“从经济理性中是无法衍生出伦理原则来的”，因此，他从生态环境、阶级斗争和政治革命等角度，对资本主义提出了系统性批判。以今天的观点来看，正是马克思这个问题意识，最早锁定了 ESG 的环境、社会和公司治理三大主题。

马克思主义作为轰轰烈烈的社会革命运动，更多被关注到的是其阶级斗争和政治革命理论，而其埋藏更深的底层逻辑往往被遮蔽在大众视线以外。

这个被埋在下面的思想基础，就是马克思的生态环境观。马克思从哲学的高度，深刻分析了人作为一种类存在，与自然环境构成的矛盾关系。在与动物的对比之中，马克思揭示了人这种生物的本质特性：“动物只生产自身，而人再生产整个自然界。”[①]

马克思洞察到，人作为最特殊的一类自然物，同时具有再造自然的无限潜力。如果人类作为社会整体，无法节制追求财富的无底欲望，整个工业化体系最终必将触碰到自然承载能力的底线。这里揭示的问题，正是现代性体系最深刻的矛盾源所在。

马克思推导出的全部理论，根本上就是要解决这个问题。对此，

---

① 《马克思恩格斯文集》第一卷，人民出版社 2009 年版，第 162 页。

马克思解释道："社会化的人，联合起来的生产者，将合理地调节他们与自然之间的物质交换，把它置于他们的共同控制之下，而不让它作为一种盲目的力量来统治自己。"[①]

马克思一百多年前预见的自然环境问题，正是当下 ESG 投资的现实肇源。

另外一位有重要影响力的思想家是卡尔·波兰尼，他认为，经济体系深嵌于社会之中，自由市场承诺的那种脱嵌的、自发调节的经济体系，根本上是行不通的。波兰尼说："这种自我调节的市场的理念，是彻头彻尾的乌托邦。除非消灭社会中的人和自然物质，否则这样一种制度就不能存在于任何时期；它会摧毁人类并将其环境变成一片荒野。"[②]

自然和人，因其神圣的道德属性而不能为市场所化约。波兰尼的这个观点，为现代环保运动提供了坚实的理论支持。

今天，气候变暖、海平面上升、洪水频发、瘟疫流行、空气污染，这些问题的出现已经证实了思想家们的预言：自然生态正在失去既有的平衡，滑向一种不适合人类生存的状态。面对生死存亡的严峻问题，人类必须以某种有效的方式承担起自身作为命运共同体的社会责任，唯其如此，方能免于集体无意识造成的自我灭亡。ESG 已经成为警钟，由它发出的声音正在穿透政治意识形态的阻隔，形成一种世界性的共识：资本向善，别无他路。

---

① 《马克思恩格斯全集》第四十六卷，人民出版社 2003 年版，第 928 页。

② 〔英〕卡尔·波兰尼著：《大转型：我们时代的政治与经济起源》，冯钢、刘阳译，浙江人民出版社 2007 年版，第 3 页。

ESG 的中国优势

中国共产党以马克思主义为理论指导，与 ESG 投资在理论上具有深层次的契合性。进入新时代，中国提出“创新、协调、绿色、开放、共享”五大新发展理念，进一步凸显对环境和社会问题的重视。同时，中国儒家文化倡导以伦理原则实现社会治理，先贤孔子曾说“不义而富且贵，于我如浮云”，这为 ESG 投资落地运行奠定了广泛的义利观基础。总之，从意识形态基础和传统文化底蕴方面，中国为 ESG 投资的发展提供了一片肥沃的土壤。

除此以外，中国推动 ESG 投资还有四方面有利的现实条件。

首先，国家领导人在联合国大会上提出“3060”减碳目标，对整个国民经济体系形成倒逼机制，中国的低碳转型将迎来量化绩效考核，政策成为最现实的强大驱动力。

其次，在“推进国家治理体系和治理能力现代化”的改革目标下，中国积极参与国际治理是必由之路。在国际格局深刻变化、中美关系震荡调整的大背景下，《巴黎协定》作为中美之间为数不多的重要共识，必然成为中国参与国际治理的发力点。对 ESG 体系的吸纳和中国特色化，成为极具现实操作性的国家对外政策选项。

2013 年以来，新一届中国政府在反腐败方面取得举世瞩目的成功，在中国共产党的坚强领导下，反腐败已在全社会形成压倒性态势。反腐败的决定性胜利，显著提升了全社会的透明度，也将从公司治理角度大幅增加信息披露的制度供给，推动市场主体的 ESG 信息披露发生质的改善。

最后，互联网、大数据、人工智能等信息化技术的部署和应用，是信息披露强有力的技术支撑。中国在数字经济方面处于世界领跑地位，据预测，到 2025 年，全球数据圈将达到 175 ZB，中国数据圈将增加到 48.6 ZB，占比高达 27.8%，位居世界之首。这将大大强化国内市场主体信息披露的技术驱动。

从环境、社会到公司治理

资本回归道德，并非观念领域的空洞口号，实践上，忽视道德原则带来的恶性后果，不断冲击人类的物质存在体系，主要矛盾逐步聚焦到“环境”和“社会”两个方面，“公司治理”则是企业应对这个问题的主要手段，三者最终凝聚成为今天的 ESG 组合议题。

环境：气候巨灾与化学污染

以大历史视角来看，自 1785 年瓦特改良蒸汽机以来，人类用近 300 年时间，开发出了一个加速膨胀的工业体系。这个系统 1.0 版的标志是蒸汽化，2.0 版是电气化，3.0 版是信息化，4.0 版则是今天的智能化。随着版本升级，系统效率以指数速度蹿升。

这样一种认知，一方面清晰刻画了技术革命带来的变化，凸显了其历史进步意义；另一方面，却似乎忽略了其中的不变因素。

这个被忽略的因素，就是支撑技术革命的能源基座。工业系统虽然历经四次革命性的提档升级，但是始终没有从碳排放角度改善能源的开发利用模式，整体上仍旧建基于不可再生的化石能源。

现代工业系统对化石能源的高度依赖，直接导致两个问题。其一，化石能源枯竭引发的能源危机，这个问题在后文详述。其二，一个更加紧迫的问题则是：环境恶化带来的生态危机。

最新研究认为，地球每年向大气中排放的温室气体高达510亿吨。[①]如果不能迅速有效地降低碳排放，在可预见的未来，地球生态系统将失去原有的平衡。问题的可怕之处在于：这样的系统性变化一旦触发，在几百年甚至上千年的时间尺度上，都是无法逆转的。

对于人类来说，这将是生命不能承受的巨大灾变。

2021年7月，德国和比利时遭遇罕见的极端暴雨，仅在德国就导致188人惨死。世界气候归因组织（World Weather Attribution）研究认为，高碳排放造成的全球变暖造成该地区暴雨概率增加了20%，成为这次气候灾害的罪魁祸首。[②]同期，中国河南省也发生类似的罕见特大暴雨，造成巨大人身和财产损失。

《自然》杂志研究文章指出，地球气候系统失衡有九大关键性临界点，包括：北极海冰面积缩小、格陵兰冰盖冰损加速、北方森林遭受火灾和虫害、永久冻土解冻、大西洋翻转环流关闭、亚马孙雨林频繁干旱、珊瑚礁大规模消亡、南极西部冰盖冰损加速、南极东部威尔克斯盆地地区冰损加速等。[③]

2021年，联合国最新研究发现，九大临界点之一的“大西洋经向翻转环流”已经失去稳定性，正在接近关闭。电影《后天》的剧情正被搬下银幕。巨灾开始敲门。

环境问题的另一个界面，是滥用化学制品造成的生态系统毒化。

---

① 〔美〕比尔·盖茨著：《气候经济与人类未来》，陈召强译，中信出版社2021年版。

② 澎湃新闻：《气候变化导致德国发生致命洪水的概率是原来的十倍》，https://baijiahao.baidu.com/s?id=1708970044411975763&wfr=spider&for=pc

③ Lenton T M , Rockstrm J , Gaffney O , et al. Climate tipping points — too risky to bet against[J]. Nature, 2019, 575(7784):592-595

1962 年，蕾切尔·卡森出版《寂静的春天》一书，首次提出“环境保护”理念。卡森用大量翔实的数据和地方案例，揭露了美国经济部门滥用 DDT 造成鸟类濒临灭绝的恶果。卡森将 DDT 合成工艺称为“死神的炼金术”。DDT 类农药具有极高的生物活性，能够沿着大自然的食物链侵入整个生态系统，最终“还能介入人体最关键的代谢过程，损伤人体组织乃至引发死亡”[①]。

卡森指出，“DDT 和同类化学品最邪恶的特性在于可以通过食物链中的一切环节在有机生命体之间层层传递”[②]，最终会导致自然生态系统失衡，摧毁人类自身赖以生存的生物支撑系统。

问题不限于陆地，灾难同时向海洋蔓延。

目前，全球每年产生数亿吨的塑料垃圾，从 2015 年起，每年估计有 900 万吨塑料废弃物被倒入海洋。[③] 粒径小于 5 毫米的塑料被称为微塑料，这种规格的塑料碎粒不易自然降解，而且孔隙率高、疏水性强。由于这些特殊的结构特征，微塑料具有极强的吸附性，它们不断吸纳海洋环境中的重金属和有机污染物，俨然成为一颗颗悬浮在海水中的“集毒器”。随着这些“塑料毒丸”的总量飙升，海洋生物正面临被集体毒杀的危险。毫无疑问，沿着食物链，这种毒害效应终将危及人类自身。[④]

环境问题不是一个自然而然的发展结果，危机的全部根源来自

---

① ［美］蕾切尔·卡森著：《寂静的春天》，马绍博译，天津人民出版社 2017 年版，第 12 页。

② ［美］蕾切尔·卡森著：《寂静的春天》，马绍博译，天津人民出版社 2017 年版，第 17 页。

③ 张蕾：《海洋微塑料的生态环境风险的研究进度及展望》，《资源节约与环保》，2021 年第 6 期。

④ 丁平，张丽娟，黄道建等：《微塑料对海洋生物的毒性效应及机理研究进展》，《海洋湖沼通报》，2021 年第 2 期。

人。正是现代工业“控制自然”的发展理念，导致了今天的危局。回归环境保护的正途，人类需要重建敬畏自然的信念，放弃以科学为武器进攻生态系统的前现代哲学。

社会：现代奴隶、数据隐私与血钻

社会问题根源于古典财产权固有的片面立场。财产权将特定利益锁定于个别主体之上，从而导致所有权人忽略社会整体利益，盲目追求自身局部利益。马克思对此揭露最为深刻，他指出：生产资料的私有化与生产活动的社会化，是资本主义自身无法克服的固有矛盾。这个矛盾的运行发展，决定着资本主义的历史命运。

因此，社会责任理念要求公司经营活动不仅要服从大股东利益，也要对中小股东、员工、债权人、客户、供应商、社区等利益相关方负起实际责任。

实践中，劳动者的权益保护成为重要议题。在ESG的价值标准下，企业应当关心关注雇员的福祉，将薪酬、劳动条件、工作环境、休息、生育、养老、保险保障等落实到合理水平之上。以社会学的分析框架来看，这是企业能否保持可持续发展的社会支撑基础所在。

但现实却不容乐观。国际劳工组织2015年数据显示，全球仍有大约2100万人被强迫劳动，其中男性950万人，女性1140万人，这些包括未成年人在内的现代奴隶，因为战争、饥饿、犯罪、债务等现实问题，而处于被迫的不公正劳动状态。[①]我国虽然没有现代奴

① 〔美〕马克·墨比尔斯，卡洛斯·冯·哈登伯格，格雷格·科尼茨尼等著：《ESG投资》，范文仲译，中信出版社2021年版，第32页。

隶，但是近年来，有关“996”的新闻事件不断见诸报端，也说明了劳工问题具有一定的现实基础。

社会风险不局限于公司内部，也会扩展到外部客户身上。随着数字经济的发展，企业客户的数据隐私保护成为突出社会问题。

比如，美国脸书（Facebook）社交软件，因为在美国大选过程中侵犯用户隐私，而遭到美国联邦贸易委员会（FTC）的调查，股价一度暴跌 20%，最终付出 50 亿美元罚款的惨痛代价。

现代企业的生产活动，逐步被纳入全球化的产业链整体之中。ESG 的社会责任理念，也因此获得全球化维度。那些由战争国家和地区中非正义武装力量开采的“冲突资源”，如同电影《血钻》揭露的情况一样，多是战争集团的经济血脉。这些资产往往被认为是破坏区域安全稳定，甚至威胁人道主义的幕后黑金。负责任的企业应当严格审查自己的生产供应链，从中剔除“血钻”供应商。

1976 年，在南非种族骚乱过程中，美国通用汽车公司的牧师董事里昂·苏利文（Leon Sullivan）对董事会提出审查社会问题的原则要求，这就是著名的苏利文原则。苏利文原则包括：（1）维护全球人权（特别是员工）、社区、团体和商业伙伴；（2）员工均有平等机会，不分肤色、种族、性别、年龄、族群及宗教信仰，不可剥削儿童、生理惩罚、凌虐女性、强迫性劳役及其他形式的虐待事项；（3）尊重员工结社的意愿；（4）除了基本需求，还要提升员工的技术能力，提高他们的社会及经济地位；（5）建立安全和健康的职场，维护人体健康及环境保护，提倡永续发展；（6）提倡公平交易，如尊重智能财产权、杜绝贿金；（7）参与政府及社区活动以提升这些社区的生活质量，如通过教育、文化、经济及社会活动，给予社会不幸人士训练和工作机会；（8）将原则完全融合到企业各种运营层面；（9）实施透明化，向外提供信息。[①]

苏利文原则在南非反种族隔离运动中发挥了积极作用，是通过公司治理程序改善社会问题的典范。

公司治理：从内部人掏空到多目标函数[②]

公司治理理论起源于“委托—代理”问题。随着业务复杂度提升，现代公司普遍出现了所有权人和经营管理人的分离。所有权人追求利润最大化，而经营管理人的经济回报主要是工资、奖金等收入，二者具体诉求不一样，在复杂的运行中会出现激励不一致问题。实践中，管理层处于信息优势地位，可以利用手中的经营管理权从内部掏空企业资产。

震惊世界的安然事件中，内部高管人员通过关联交易、内幕信息、财务造假等手段，几乎掏空了一座市值约600亿美元的财富大厦，股东们的财产在一夜之间灰飞烟灭。

现代公司治理借鉴民主政治的“权力制衡”架构，通过将“决策权”授予董事会、“经营权”授予管理层、“监督权”授予监事会，实现三权分设，达到公司权力的结构平衡，从而有效防范出现内部管理人掏空股东财产的现象。

20世纪中期以来，生态危机、环境污染、劳资冲突、产品责任等矛盾和冲突日益加剧，在这种时代背景下，公司治理所要防范的

---

① 朱忠明，祝健等著：《社会责任投资：一种基于社会责任理念的新型投资模式》，中国发展出版社2010年版，第5–6页。

② ESG属于目标函数还是约束条件，存在不同观点。也有学者从维护市场概念逻辑纯粹性角度，将ESG认定为约束条件。本文取目标函数的观点，主要从未来发展趋势方面考虑，随着ESG深度发展，未来可能会促使经典理论发生变革。

目标也发生深刻变化。滥用管理权的公司行为，不仅会掏空股东财产，而且会通过特定的环境、社会问题，损害员工、社区、客户、政府等众多利益相关者的权益。

“利益相关者”、“资源依赖”、“战略慈善”、“社会责任”和“企业公民”等公司理论应运而生，这些学说强调公司对社会负有广泛责任，要求管理层在创造经济利润的同时，兼顾社会价值，否则就是对责任对象的失职和侵害。

从企业一侧来看，这些理论也论证了环境、社会等非财务因素，对公司业绩发展的积极影响。由此，公司治理开始打破自说自话的内部人叙事模式，逐步从单一财务目标的封闭式治理，走向多元目标的开放式治理。

2019 年 8 月，贝佐斯、库克等 181 位国际知名公司首席执行官，在商业圆桌会议期间联合发布了一份关于企业宗旨的声明。声明强调了企业的社会责任，认为“服务客户”、“投资员工”、“与供应商合作”、“支持社区”与“为股东创造长期价值”同样重要。

签约者都是各领域的行业领军企业首席执行官，他们的联合声明可以视为企业界对自身肩负责任的觉醒和确认，必将对公司治理实践和理论发展产生里程碑式的影响。声明原文如下：

关于公司宗旨的声明

美国经济体理应让每个人都能通过努力工作和创造力获得成功，过上有意义和有尊严的生活。我们认为，自由市场体系是为所有人创造良好就业机会、强大和可持续的经济、创新、健康环境和经济机会的最佳手段。

企业通过创造就业机会、促进创新、提供基本商品和服务，在经济中发挥着至关重要的作用。企业生产和销售消费品；制造设备和车辆；支持国防建设；种植和生产食物；提供卫生保健；产生和传递能源；并提供支持经济增长的金融、通信和其他服务。

虽然每家公司都有各自的目标，但我们对所有利益相关者都有一个基本承诺。我们承诺：

为客户提供价值。我们将进一步发扬美国公司在满足或超越客户期望方面领先的传统。

投资我们的员工。这首先要公平地补偿他们，提供基本福利。还包括通过培训和教育来支持他们，帮助他们为快速变化的世界发展新技能。我们促进多样性和包容性、尊严和尊重。

公平、合乎道德地与供应商交易。我们致力于成为其他公司（无论大小）的良好合作伙伴，以促使我们完成使命。

支持我们工作的社区。我们尊重社区中的人，通过在企业中采用可持续的做法来保护环境。

为股东创造长期价值。股东为公司投资、增长和创新提供资金。我们致力于提高运营透明度，并与股东开展有效接触。

我们的每个利益相关者都至关重要。我们承诺为所有人创造价值，致力于推动我们的公司、我们的社区和我们的国家，在未来取得成功。

经过环境和社会目标的全方位渗透，公司治理这个以前只顾利润最大化的单一目标函数，正在被逐步改造成兼顾环境、社会效益的多目标函数。

结构化组合：作为框架、原则与指标体系的 ESG

从企业内部管理视角看，ESG 三个字母并非简单并列关系，而是一个形如哑铃的结构化组合：E 和 S 在逻辑上并列，好似哑铃的两头，分别代表责任事项的两个分布领域，一头是环境方面的责任，另一头是社会方面的责任，而 G 则是连接 E 和 S 的把手，G 部分带有相当的功能性，是从公司角度把握 E 和 S 问题的有效抓手。有机组合之后的 ESG，成为一个交叉互嵌的整体，在不同语境中可以理解为框架、原则和指标体系。

2004 年，高盛提出一个包括“能源”“水资源”“气候变化”“排放物”“废料”“可追责性”“信息披露”“发展绩效”“多样性”“职业培训”“劳动关系”“产品安全”“负责任的市场销售”“人权”“社会投资”“透明度”“独立性”“薪酬”“股东权利”等量化指标的体系，首次将环境、社会和公司治理领域的重要议题集中在一起，整合成统一的 ESG 框架。

随后，在 2006 年的投研报告中，高盛进一步提出，投资银行的投资过程要纳入 ESG 因素，由此产生一种新的投资类型——ESG 投资。

2006 年，联合国从“投资纳入 ESG 问题”“积极所有权”“ESG 信息披露”“推动投资行业接受 ESG 理念”“共同努力”“专项报告”六个方面提出了负责任投资原则，六项原则的签署人还须同时签署如下承诺书：

作为机构投资人，我们在考虑投资行为时，有责任从受益人的最佳长远利益角度出发。出于这种受托人角色，我们相信，环境、社会和公司治理（ESG）方面的议题，能影响投资组合的绩效（在不同的公司、部门、区域、资产等级和时间上，会有程度上的变化）。

我们还认识到，适用这些原则，能使投资人与更广泛的社会目标之间保持一致性。因此，在符合受托人责任的范围内，我们承诺如下：

原则 1：我们将把 ESG 问题纳入投资分析和决策过程；

原则 2：我们将成为积极行动的所有权人，将 ESG 问题纳入我们的所有权政策和实践中；

原则 3：我们将寻求我们投资的实体适当披露 ESG 问题；

原则 4：我们将促进投资行业接受和执行这些原则；

原则 5：我们将共同努力，提高执行这些原则的效力；

原则 6：我们每个人都将报告我们在执行这些原则方面的活动和进展情况。

负责任投资原则是由一个机构投资人组成的国际小组制定的，反映了环境、社会和公司治理与投资活动日益增长的联系。这个进程由联合国秘书长推动。

我们作为投资人在此公开承诺，在符合受托人责任的范围内，采纳和执行这六项原则。我们还承诺，将评估原则的执行效果，并不断完善其内容。我们相信，这将提升我们履行对受益人所作的承诺的能力，同时，这也会使我们的投资活动更加契合广泛的社会利益。

我们鼓励其他投资人也采用这些原则。①

在各种框架和原则之下，ESG 进一步被分解为指标体系。对此，

---

① 联合国责任投资原则网站，https://www.unpri.org/pri/what-are-the-principles-for-responsible-investment

香港联合交易所（以下简称香港联交所）《环境、社会及管治报告指引》从监管角度提供了一个样本，其中的“不遵守就解释”部分，将披露事项分为“主要范畴”、“层面”、“一般披露”和“关键绩效指标”等四个层级，上市公司须按照这个体系层层深入，进行详细的ESG信息披露，否则就要书面给出合理解释。

表1-1 C部分：“不遵守就解释”条文

主要范畴分为环境（A）和社会（B）两类。

主要范畴、层面、一般披露及关键绩效指标		
A.环境		
层面A1：排放物	一般披露 有关废气及温室气体排放、向水及地上的排污、有害及无害废弃物的产生等： （a）政策 （b）遵守对发行人有重大影响的相关法律及规例的资料。 注：废气排放包括氮氧化物、硫氧化物及其他受国家法律及规例规管的污染物。 温室气体包括二氧化碳、甲烷、氧化亚氮、氢氟碳化合物、全氟化碳及六氟化磷。 有害废弃物指国家规例所界定者。	
	关键绩效指标A1.1	排放物种类及相关排放数据
	关键绩效指标A1.2	直接（范围1）及能源间接（范围2）温室气体排放量（以吨计算）及（如适用）密度（如以每产量单位、每项设施计算）
	关键绩效指标A1.3	所产生有害废弃物总量（以吨计算）及（如适用）密度（如以每产量单位、每项设施计算）
	关键绩效指标A1.4	所产生有害废弃物总量（以吨计算）及（如适用）密度（如以每产量单位、每项设施计算）
	关键绩效指标A1.5	描述所订立的排放量目标及为达到这些目标所采取的步骤

环境类层面从A1至A4，分为四个层面，社会类从B1至B8分为八个层面。

一般披露指出这个层面披露事项的原则性要求，一般来源于相关领域的法律、法规和政策文件。

关键绩效是这部分内容的重点。A类和B类指标合计有36个。

走向可持续性金融

外部性及其内化

1920年，庇古在《福利经济学》一书中提出外部性理论。他指出，经济活动的部分效用会流溢到市场机制之外。这部分效用，无法在“成本—收益”的计算公式中加以体现。

比如，鲜花店让整条街芬芳四溢，店主却无法向行人收费；同样，垃圾站的臭味飘到隔壁屋里，倒霉邻居却得不到经济补偿。前者被称为正外部性，后者对应为负外部性。以此来看，碳排放等环境污染问题，正是典型的负外部性。

庇古认为，外部性问题是市场失灵的主要原因之一，对此，政府应当采用财政手段进行干涉。对正外部性企业给予补贴，而对负外部性企业，则要进行额外征税。“庇古税”理论为政府出手治理环境问题奠定了学理基础。

1960年，科斯发表论文《社会成本问题》，针对庇古的外部性问题提出另外一种截然相反的解释路径。科斯认为，外部性问题不能证明市场失灵，真正的症结反而是市场化不够彻底。如果能够把交易成本降到足够低，只要明确界定产权，市场就能以自发方式解决外部性问题。

比如，A 大街上两个商户，婚庆公司挨着棺材铺。虽然二者互相构成负外部性，但是，既没有理由让婚庆公司赔偿棺材铺，也没有理由让棺材铺补贴婚庆公司。这个时候，解决问题的理性依据出自总量和边际的考量。

如果婚庆公司生意更好，它可以从自身利润中拿出一部分补偿给棺材铺，让它搬到别处去。对二者来说，如果这个办法让它们各自的边际收益都能最大化——自然 A 街的经济总量也会达到最大值，这就是一个双赢的选择。科斯理论开启了环境问题的市场化解决之路，碳交易市场即是其成功应用的范例。

外部性理论探索了环境问题的经济解决路径，但无论是庇古还是科斯，他们的理论都建立在“理性经济人”假设之上，忽略了其社会向度，有待进一步扩展理论视角。

嵌入性与社会资本

嵌入性理论由波兰尼、格兰诺维特等人创立，他们认为，经济体不是在真空社会环境中存在的独立系统，而是深深嵌入社会有机体之中的一个子系统。对经济活动的理解，应当吸纳系统论视角，把市场作为社会的一组特殊构件加以分析。

嵌入性理论的起点，是对“理性经济人”概念的批判。该理论认为，传统经济学的这个概念基础，把个人假设为一种原子化存在，不适当地忽略了社会因素对经济活动的影响。

波兰尼认为，劳动力只是“人”的另外一种叫法，而土地则是“自然”的同义词，二者都具有伦理和宗教意义上的神圣性，不能被当作纯粹的商品看待。“脱嵌”的市场是不存在的。

嵌入性的理论实质在于指出：市场在根本上是受社会结构限制的，是社会的产物。

基于嵌入性理论，科尔曼等人提出了“社会资本”概念。科尔曼把社会资本界定为：“个人拥有的社会结构资源”。“社会资本是否会像社会科学中的金融资本、物质资本和人力资本那样，成为一个有用的定量概念，有待于观察；它当前的价值主要在于它对社会体系的定性分析，以及对使用定性指标的定量分析的作用。”[①]

“社会资本”指的不是社会领域的钱，而是包括财产在内的各种社会形态的资源，尤其是那些非财务形态的资源，诸如友谊、信任、人际网络、规则、标准、价值观、影响力、动员能力、潜在支持等优势，这些也应当像货币资本、实物资本以及人力资本一样，被视为能给企业带来实际价值的另外一种资本形态。

社会资本不属于私人所有，而是在相互关系结构中，由发生关系的各方所共同拥有的公共品，需要依赖行动者的相互行动才能转化成实际价值。社会资本是非物质形态的，是嵌入在人际关系结构中的无形资源。

社会资本理论告诉我们：经济行为的根本限制是其所处的社会结构，而非理性经济人个体的内在行为动机。

ESG 作为一种资产形成机制，具有典型的社会资本特征。ESG 最早是作为一种非市场因素，逐步凸显经济价值的。它体现的正是经济体因为嵌入社会系统之中，而受到社会的结构性制约。

正是因为投资者深刻地认识到，社会责任这种非市场化因素，

---

① 转引自：〔美〕林南著：《社会资本》，张磊译，张闫龙校，社会科学文献出版社 2020 年版，第 29 页。

对于经济体的可持续发展具有根本上的决定作用，所以才逐步发展出一套利用 ESG 的标准和策略进行投资的方法。

ESG 行动被视为一种负责任行为，具有正向的社会亲和力和道德感召力，可以增加企业的信用水平和品牌美誉度，从而提升企业的无形价值。从这个角度看，ESG 是一种无形资产，其本质是非物质形态的社会资本。

标普、明晟、商道融绿等评级体系，构造了独特的规则结构，企业加入这些体系，可以利用体系提供的标准和指数，增加其 ESG 表现的可读性，促使潜在的 ESG 价值被资本市场读取出来。

诸如 PRI、TCFD 等多边协议，形成了 ESG 标准下的投资联合体。这些由多边协议构造的联合资产高达百万亿美元，从体量上说，已经足够支撑一个独立的资本市场。ESG 成为这些热门市场的入场券。从直接的意义上说，ESG 的市场价值，就是由 ESG 的标准和规则体系这些结构化因素所赋予的。

可持续性金融

可持续发展理论起源于 20 世纪末。1972 年，致力于未来学研究的学术团体“罗马俱乐部”发表研究报告《增长的极限》。该报告把世界当作一个复杂系统，建立相应的数学模型进行定量推演。

梅多斯等人研究认为，由于自然资源、生态环境、人口、生物多样性等因素制约，人类的经济活动不可能无限增长，现行发展模式最终必然导致地球系统崩溃。作为对策，“罗马俱乐部”提出了“零增长”目标。

“零增长”政策将生态保护与经济发展截然对立，引发激烈争议。作为一种具有可操作性的平衡理论，“可持续发展”主张逐步获得更广泛的国际共识。

1987 年，联合国环境与发展委员会主席布兰特领衔编制研究报告《我们共同的未来》。该报告经由第 42 届联合国大会通过，正式向国际社会发布，标志着可持续发展理论的诞生。

《我们共同的未来》分为“共同的关切”、“共同的挑战”和“共同的努力”三大部分，报告从人口与人力资源、粮食保障、物种多样性和生态系统、能源利用、工业化、城市病等六个方面深入阐述了人类共同面临的世界性危机，号召国际社会：“现在就开始管理环境资源，以保证可持续的人类进步和人类生存的决定性的政治行动。”

中国传统文化认为，“上天有好生之德”，将人民的生存权利视为一种超越性的高阶伦理。这与可持续发展理论不谋而合。

可持续性理论的突出特征在于强调国际合作：环境问题必须采取全球联合行动，一国一地的单独行动起不到根本性作用。

比如，二氧化碳虽然比氧气重，但其具有吸热的性能，随着自身温度上升，会和高处的冷空气产生垂直对流，迅速上升到大气层，从而随着地球自转而传播到全球。

同样，生物多样性保护背后也体现了系统性原理的运用。当下的全球生态链条，是地球生物经过几十亿年适应过程最终固定下来的稳态格局。一旦人为因素造成生物断链，谁也无法保证灭绝危机不会传导到人类自身。

可持续发展问题提出的警示，不仅是一种经济利益衡量，而且是一项如何避免集体无意识、避免走向全球集体自杀的伦理义务。构建全球共治机制，从全人类生死存亡的高度号召集体行动，是解决问题的根本出路。

进入 21 世纪，可持续发展议题由倡导呼吁转化为实际治理程序，从定性分析走向金融量化。2015 年，联合国文件提出 17 项可持续发展目标（SDGs）。

2019 年，联合国发布《达成可持续发展目标的融资路线图》，提出一大目标、3 项计划、6 大领域和 15 项倡议，倡导以金融体系的可持续性变革推动可持续发展目标落地。

2021 年，中国人民银行与美国财政部共同牵头制定《G20 可持续金融路线图》。

通过上述系列文件，可持续议题正在实现对传统金融体系的改造，可持续金融将逐步替代旧的规则体系，成为全球金融体系发展演化的新方向。

可持续金融对传统模式的扬弃有三方面突出体现。第一，回归价值本源。传统经济金融体系以利润最大化为唯一目标，在发展过程中逐渐异化出背离人这个终极目标的倾向，可持续金融以人为本，谋求平衡、和谐、包容性发展，为经济金融活动重新厘定价值标准。第二，扩展函数目标。传统金融局限于单一经济维度，可持续金融将传统财务模型改造为覆盖经济、社会和环境的多目标函数。第三，重构资产逻辑。通过碳资产等机制，将环境、社会等要素纳入金融资产定价公式，最终重塑环境、社会和经济价值实现的关系模型。

围绕 SDGs 展开的可持续性金融实践，直接导致了 ESG 投资的兴起。这方面内容正是本书所要探讨的重点所在，这里不再过多展开，详细内容留待后面部分深入分析。

- 2 -
游戏规则

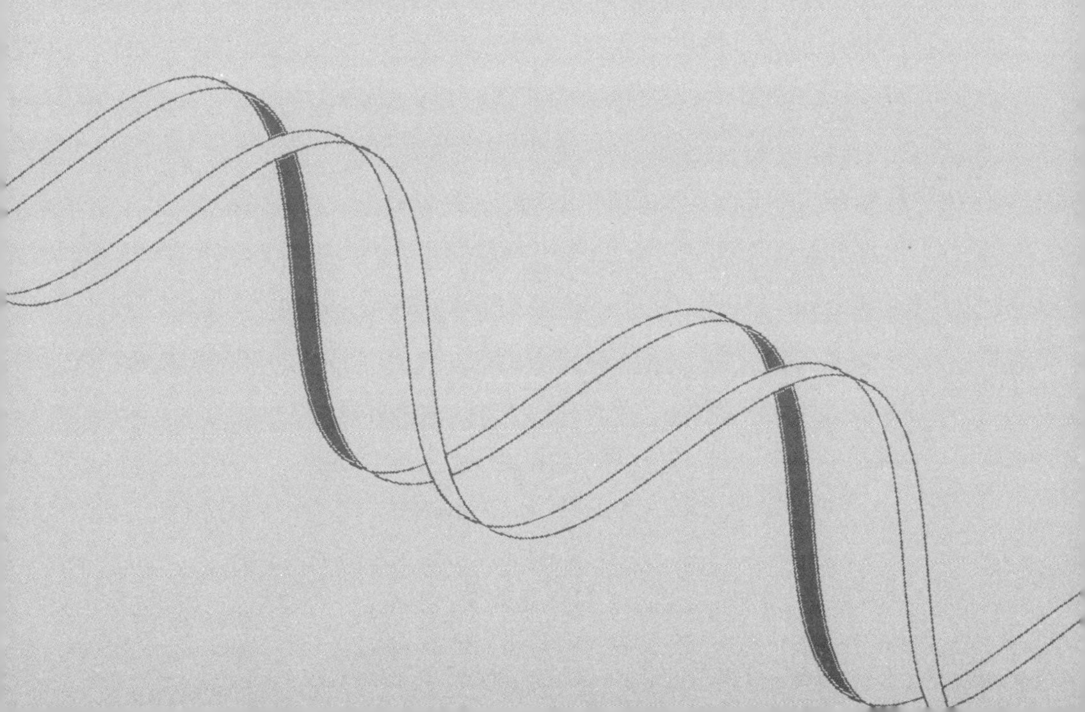

顶层设计——国际多边协议

UNFCCC：从《京都议定书》到《巴黎协定》

20 世纪 80 年代以来，气候变化日益受到国际社会关注。为应对气候变化带来的生存挑战，1992 年 5 月 9 日，联合国大会在巴西里约热内卢通过《联合国气候变化框架公约》(*United Nations Framework Convention on Climate Change*，缩写为 UNFCCC，以下简称《公约》)。截至 2021 年 7 月,《公约》缔约方有 197 个。1992 年 11 月 7 日，我国正式签署《公约》，并于 1994 年 3 月 21 日起开始生效。

《公约》的核心内容体现在四个方面：

第一,《公约》第 2 条提出了缔约方的共同目标："将大气温室气体的浓度稳定在防止气候系统受到危险的人为干扰的水平上。这一水平应当在足以使生态系统能够可持续进行的时间范围内实现。"

第二,《公约》提出了"公平原则"、"共同但有区别原则"、"各自能力原则"和"可持续发展原则"等国际合作的四项基本原则。

第三,《公约》明确，发达国家应当率先减排，同时承担向发展中国家的相关行动提供资金和技术支持的义务。

第四，承认发展中国家消除贫困、经济社会发展的目标优先。

1997 年 12 月，为推动《公约》执行，第三次缔约方大会（COP 3, Conference of Parties）在日本东京通过补充条款——《京都议定书》（*Kyoto Protocol*），并于 2012 年多哈会议通过《〈京都议定书〉多哈修正案》。《京都议定书》迈出了人类历史上以法规控制温室气体排放的第一步。

《京都议定书》及其修正案的特色内容体现在三个方面：

第一，在分类基础上提出了部分国家的阶段性减排控制量。

第二，明确了 7 种受管控的温室气体，包括：二氧化碳（CO_2）、甲烷（CH_4）、氧化亚氮（N_2O）、氢氟碳化物（HFCs）、全氟化碳（PFCs）、六氟化硫（SF_6）和三氟化氮（NF_3）等。

第三，在丰富和完善减排机制和手段方面作出重要探索，提出了“排放贸易”、“联合履约”和“清洁发展机制”三种面向发达国家的灵活履约机制。

2011 年，气候变化德班会议设立“加强行动德班平台特设工作组”，“德班平台”积极推进多边谈判，于 2015 年底完成各项谈判议题。在此基础上，《公约》第 21 次缔约方大会（COP21）于 2015 年 12 月在法国巴黎通过《巴黎协定》。《巴黎协定》于 2016 年 4 月 22 日在美国纽约签署，2016 年 11 月 4 日起正式实施。

截至 2021 年 7 月，《巴黎协定》签署方有 195 个。中国于 2016 年 4 月 22 日签署《巴黎协定》，经过相关程序，于 2016 年 11 月 4 日正式生效。美国特朗普政府曾于 2020 年 11 月退出《巴黎协定》。2021 年 1 月 20 日，新任美国总统拜登就职当日宣布重返《巴黎协定》。

继 1997 年《京都议定书》之后，《巴黎协定》成为人类应对气候变化历史上的第二个里程碑式的国际法律文件,《巴黎协定》旨在对2020年后的相关机制作出安排，标志着全球应对气候变化进入新阶段，其突出特色体现在六个方面：

第一，提出面向未来的减排长期目标："把全球平均气温升幅控制在工业化前水平以上低于2摄氏度之内，并努力将气温升幅限制在工业化前水平以上1.5摄氏度之内，同时认识到这将大大减少气候变化的风险和影响。"

第二，明确国家自主贡献。《巴黎协定》要求："各缔约方应编制、通报并保持它计划实现的连续国家自主贡献。……各缔约方的连续国家自主贡献将比当前的国家自主贡献有所进步，并反映其尽可能大的力度，同时体现其共同但有区别的责任和各自能力，考虑不同国情。"

第三，减缓目标承诺和履行。《巴黎协定》要求："发达国家缔约方应当继续带头，努力实现全经济范围绝对减排目标。发展中国家缔约方应当继续加强它们的减缓努力，鼓励它们根据不同的国情，逐渐转向全经济范围减排或限排目标。"

第四，对发展中国家提供资金和支助。《巴黎协定》要求："应向发展中国家缔约方提供支助，……同时认识到增强对发展中国家缔约方的支助，将能够加大它们的行动力度。……提供规模更大的资金，应当旨在实现适应与减缓之间的平衡，同时考虑国家驱动战略以及发展中国家缔约方的优先事项和需要，尤其是那些特别易受气候变化不利影响的和受到严重的能力限制的发展中国家缔约方，如最不发达国家和小岛屿发展中国家的优先事项和需要，同时也考虑为适应提供公共资源和基于赠款的资源的需要。"

第五，提高透明度。《巴黎协定》要求："为建立互信和信心并促进有效履行，兹设立一个关于行动和支助的强化透明度框架，并内置一个灵活机制，以考虑缔约方能力的不同，并以集体经验为基础。……透明度框架应依托和加强在《公约》下设立的透明度安排，同时认识到最不发达国家和小岛屿发展中国家的特殊情况，以促进性、非侵入性、非惩罚性和尊重国家主权的方式实施，并避免对缔约方造成不当负担。”

第六，定期进行全球盘点。《巴黎协定》提出：“《公约》缔约方会议应定期盘点本协定的履行情况，以评估实现本协定宗旨和长期目标的集体进展情况（称为‘全球盘点’）。……2023 年进行第一次全球盘点，此后每五年进行一次。”①

责任投资（PRI）六项原则

2006 年，联合国将责任投资表述为六方面的原则：

原则 1：我们将把 ESG 问题纳入投资分析和决策过程；原则 2：我们将成为积极行动的所有权人，将 ESG 问题纳入我们的所有权政策和实践中；原则 3：我们将寻求我们投资的实体，适当披露 ESG 问题；原则 4：我们将促进投资行业接受和执行这些原则；原则 5：我们将共同努力，提高执行这些原则的效力；原则 6：我们每个人都将报告我们在执行这些原则方面的活动和进展情况。

对于每一项原则，也提出了可行的具体举措：

对原则 1：我们将把 ESG 问题纳入投资分析和决策过程。可能采取的行动有：在投资政策声明中阐述 ESG 问题，支持 ESG 相关工具、计量和分析方法的开发，评估内部投资经理理解 ESG 问题的能

① 《〈联合国气候变化框架公约〉进程》，资料来源：中华人民共和国外交部官网，http://russiaembassy.fmprc.gov.cn/web/ziliao_674904/tytj_674911/tyfg_674913/t1201175.shtml

力，评估外部投资经理理解ESG问题的能力，要求投资服务提供商（如金融分析师、顾问、经纪人、研究公司或评级公司）将ESG因素整合到不断发展的研究和分析中，鼓励开展ESG主题的学术和其他研究，倡导对职业投资人士进行ESG培训。

对原则2：我们将成为积极行动的所有权人，将ESG问题纳入我们的所有权政策和实践中。可能采取的行动有：制定并披露一项符合本原则的积极所有权政策；行使投票权或监督投票政策的遵守情况（如果外包），发展参与能力（直接或通过外包）；参与制定政策、法规和标准（如促进和保护股东权利）；提交符合ESG长期考虑的股东决议案；与公司就ESG问题进行沟通；响应相关合作倡议；要求投资经理参与ESG事务，并做出相关报告。

对原则3：我们将寻求我们投资的实体，适当披露ESG问题。可能采取的行动有：要求对ESG问题进行标准化报告（使用全球报告倡议等工具），要求将ESG问题纳入年度财务报告，要求公司提供采用或遵守相关规范、标准、行为准则或国际倡议（如联合国全球契约）的信息，支持促进ESG事项披露的股东倡议和决议。

对原则4：我们将促进投资行业接受和执行这些原则。可能采取的行动有：在征求建议书中纳入本原则的相关要求；调整投资授权、监控程序和绩效指标等，使它们与激励结构更加匹配（例如，通过调整投资管理流程，使其能反映长周期情况）；向投资服务提供商表达ESG期望；重新审视与未能满足ESG期望的服务提供商的关系；支持ESG集成基准工具的开发；支持落实本原则的监管和政策的发展。

对原则5：我们将共同努力，提高执行这些原则的效力。可能采取的行动有：支持或参与网络和信息平台，以共享工具、汇集资源，并把投资者报告作为学习资源；合作解决新问题；制定或支持适当的合作倡议。

对原则 6：我们每个人都将报告我们在执行这些原则方面的活动和进展情况。可能采取的行动有：披露 ESG 问题如何整合到投资实践中的情况；披露积极的所有权人行动（投票、参与、政策对话）；披露对服务提供商提出的、与本原则相关的要求；与受益人就 ESG 问题和本原则进行沟通；用“不遵守就解释”的方法，报告与本原则相关的进展和成就；尝试将本原则的影响确定化；利用报告提高利益相关者广泛群体的 ESG 意识。①

联合国可持续发展目标（SDGs）体系

2015 年，联合国召开可持续发展峰会，193 个会员国共同通过《改变我们的世界——2030 年可持续发展议程》，提出 17 项可持续发展目标，包括：无贫穷、零饥饿、良好健康与福祉、优质教育、性别平等、清洁饮水和卫生设施、经济适用的清洁能源、体面工作和经济增长、产业创新和基础设施、减少不平等、可持续城市社区、负责任消费和生产、气候行动、水下生物、陆地生物、和平正义与强大机构和全球伙伴关系等关键议题。

联合国时任秘书长潘基文指出：“这 17 项可持续发展目标是人类的共同愿景，也是世界各国领导人与各国人民之间达成的社会契约。它们既是一份造福人类和地球的行动清单，也是谋求取得成功的一幅蓝图。”②

---

① 联合国责任投资原则网站，https://www.unpri.org/pri/what-are-the-principles-for-responsible-investment

② 《多国核工业组织联合发布报告强调核能对可持续发展目标的贡献》，中国核电网，https://www.cnnpn.cn/article/26420.html

赤道原则（EPs）

2002 年 10 月，在伦敦召开的国际知名商业银行会议期间，国际金融公司（IFC）等金融机构专题讨论了融资项目对所在地环境和社会造成影响的问题，会议认为银行等金融机构，作为项目融资方，对于上述问题负有重要责任，应当督促项目主体在消除和缓解环境和社会负面影响方面采取积极有效的措施，将负责任和可持续投资落到实处。

会后，荷兰银行、巴克莱银行、西德意志州立银行和花旗银行等 4 家国际著名银行，依据国际金融公司《IFC 环境与社会可持续发展绩效标准》和世界银行《环境、健康与安全通用指南》等相关绿色金融准则，创建出一套判断、评估和管理项目融资过程涉及的环境、社会风险的金融行业基准和操作指引，这就是赤道原则。赤道原则要求银行等金融机构，在对项目进行融资支持时，充分评估其对于当地环境和社会的潜在负面影响，利用金融杠杆的力量，帮助改善相关问题。

2003 年 6 月，包括荷兰银行、巴克莱银行、西德意志州立银行和花旗银行等 4 家发起银行在内的 10 家国际大银行首批加入赤道原则。随后，汇丰银行、JP 摩根、渣打银行和美洲银行等世界知名金融机构也陆续加入。

截至 2020 年 2 月，覆盖全世界 38 个主要国家的 104 家金融机构加入该原则，营业网点覆盖五大洲 100 多个国家，主体包括商业银行、金融集团、出口信贷机构等多种金融机构，在新兴市场国家，加入赤道原则的融资项目占比高达 70% 以上。[①]

---

① 何丹:《赤道原则的演进、影响及中国因应》,《理论月刊》，2020 年第 3 期。

表 2-1 赤道原则的十大原则

1	审查与分类
2	环境和社会评估
3	适用的环境和社会标准
4	环境和社会管理系统与赤道原则行动计划
5	利益相关方参与
6	投诉机制
7	独立审查
8	承诺性条款
9	独立监测和报告
10	报告和透明度

资料来源：新华财经网，http://greenfinance.xinhua08.com/a/20190228/1801080.shtml?f=arelated

2019 年 11 月，赤道原则更新至第四版本。最新版赤道原则紧密衔接《巴黎协定》、联合国可持续发展目标（SDGs）以及气候相关财务信息披露框架（TCFD）等气候风险管理内容，督促成员机构在气候信息披露和风险管理方面积极承担责任。

赤道原则本质上是一套自愿性行业准则，“没有对任何法人、公众或个人设定任何权利或责任。金融机构是在没有依靠或求助于国际金融公司或世界银行的情况下，自愿和独立地采纳与实施赤道原则”。但随着全球绿色金融向纵深发展，越来越多的系统重要性金融机构加入其中，实际上已经发展成为国际通行的绿色信贷黄金标准。

“一带一路”绿色投资原则（GIP）

2013 年，中国政府首次提出“一带一路”倡议（BRI），面向“丝绸之路经济带”和“21 世纪海上丝绸之路”国家，通过基础设施投资吸引资本，促进沿线国家的投资和贸易发展。2018 年 11 月，依托中国与有关国家在“一带一路”倡议政策下的双多边机制，中国金融学会绿色金融专门委员会和伦敦金融城绿色金融倡议组织（现为中英绿色金融中心），共同发起“一带一路”绿色投资原则（GIP），其目的在于促进“一带一路”的绿色投资。

自推出以来，绿色投资原则得到来自中国、英国等全球主要金融机构的强力支持，已经发展成为一个充满活力的全球行动平台。截至 2021 年 8 月底，GIP 已有 40 个签署方和 12 个支持机构，签约机构广泛覆盖 14 个国家和地区，其持有或管理的总资产量达到 49 万亿美元。

GIP 是“一带一路”绿色投资的一套原则，包括策略、运营和创新三个层面的七项原则。

原则 1：将可持续性纳入公司治理。我们将把可持续性融入公司战略和组织文化。董事会和高级管理层将监督与可持续性相关的风险和机遇，建立健全的系统，指定称职的人员，并对投资和运营活动对“一带一路”区域气候、环境和社会的潜在影响保持敏锐的认知。

原则 2：了解环境、社会和治理风险。将努力增进对所运营的商业部门的环境法律、法规和标准，以及所在国的文化和社会规范的认知。将在适当情况下，在独立第三方服务提供商的帮助下，将环境、社会和公司治理（ESG）风险因素纳入决策过程，进行深入的环境和社会尽职调查，并制订风险缓解和管理计划。

原则 3：披露环境信息。将对所投资和运营项目的环境影响进行分析，包括能源消耗、温室气体（GHG）排放、污染物排放、用水和毁林等方面，并探索对投资决策进行环境压力测试的方法。将不断改进环境 / 气候信息披露，并尽最大努力实践气候相关财务信息披露工作组（TCFD）的建议。

原则 4：加强与利益相关者的沟通。将建立利益相关者信息共享机制，加强与政府部门、环保组织、媒体、受影响社区、民间社会组织等利益相关者的沟通，建立冲突解决机制，及时、适当地解决与社区、供应商和客户的纠纷。

原则 5：利用绿色金融工具。将更积极地利用绿色金融工具，如绿色债券、绿色资产支持证券（ABS）、基于收益的融资公司（YieldCo）、基于排放权的融资以及绿色投资基金等，为绿色项目融资。还将积极探索绿色保险的运用，如环境责任保险和巨灾保险，以减轻运营中的环境风险。

原则 6：采取绿色供应链管理。将把 ESG 因素纳入供应链管理，并在投资、采购和运营中利用国际最佳做法，如温室气体排放和用水的全生命周期记账、供应商白名单、绩效指数、信息披露和数据共享等。

原则 7：通过集体行动加强能力建设。将拨出资金并指定人员积极与多边组织、研究机构和智库合作，以发展在政策执行、制度设计、工具开发以及本原则所涵盖的其他领域的组织能力。①

---

① GIP 官网，https://gipbr.net/SIC.aspx?id=170&m=2

基础支撑——信息披露制度

TCFD 框架

2015 年 12 月，G20 金融稳定委员会（FSB）设立气候相关财务信息披露工作组（Task Force on Climate-Related Financial Disclosures，缩写为 TCFD），致力于制定统一的气候变化影响财务数据的信息披露框架，以推动相关主体自愿披露气候信息，将气候变化带来的风险和挑战量化为财务数据，帮助投资人、债权人、保险公司等做出更好的投资决策。

2017 年 6 月，《气候相关财务信息披露工作组建议报告》（又简称 TCFD 框架报告）正式发布。

截至 2021 年 3 月，全球大约有 88 个国家超过 2300 个组织表示支持 TCFD 框架，其中包括市值合计 19.8 万亿美元的公司，以及管理资产超过 175 万亿美元的 859 家金融机构。

TCFD 框架从公司治理、策略、风险管理、指标体系等 4 个方面，提出 11 项具体的披露内容，构造了一个“4-11”的整体披露框架。

公司治理：围绕气候相关风险和机遇的治理

策略：气候相关风险和机遇对组织业务、战略和财务规划的实际和潜在影响

风险管理：用于识别、评估和管理气候相关风险的过程

指标体系：用于评估和管理气候相关风险和机遇的指标和目标

图 2-1　气候相关财务信息披露的核心要素

资料来源:《气候相关财务信息披露工作组建议报告》)

公司治理方面有两项：一是董事会对气候相关风险和机遇的监管情况；二是管理层在评估和管理气候相关风险和机遇中的职责。

策略方面有三项：一是分短期、中期和长期三个层次，对气候相关风险和机遇进行识别；二是气候相关风险和机遇对组织的业务、战略和财务规划的影响；三是在不同气候变化场景下（包括 2 摄氏度，或者低于 2 摄氏度的情况），组织在战略上的应变能力。

风险管理方面有三项：一是组织识别和评估气候相关风险的流程；二是组织管理气候相关风险的程序；三是组织识别、评估和管理气候相关风险的过程，如何融合进组织的综合风险管理之中。

指标体系方面有三项：一是组织在其战略实施以及风险管理过程中，用于评估气候相关风险和机遇的指标；二是范围 1 和范围 2 以及范围 3（如果适用）的温室气体排放及其相关风险；三是组织管理气候相关风险和机遇时采用的目标以及目标的实现情况。

TCFD 认为，气候变化带来的风险和挑战尚未得到应有的重视，对于绝大多数市场主体来说，它们还处于一种不明晰的状态。鉴于此，TCFD 把气候风险分为物理风险和转型风险两个基本类型加以阐述。

物理风险又分为即时风险和远期风险两类。即时风险是指单一气候事件驱动的风险，尤其是指极端灾害天气事件所造成的直接财产损失或者间接财务影响，比如洪水、干旱、台风、泥石流等巨灾导致的人身和财产损失，或者其对产业链产生的干扰。远期风险则是指那些长周期的气候变化模式导致的风险。比如，持续的高温天气将导致海平面上升，或者长期的热浪对公司运营造成的财务影响。

转型风险来自四个方面。在向低碳经济转型的过程中，为达到缓解和适应气候变化的目的，政策和法律、技术、市场等方面会发生广泛变化，这些变化将在不同程度上给市场主体造成财务风险。同时，气候变化也是导致企业声誉风险的一个潜在原因。

在风险提示之外，TCFD 认为，气候变化同时也为企业发展创造了新机遇，比如提高资源使用率和降低成本、采用低排放能源、开发新产品和服务、进入新市场以及提升对供应链变化的应变能力等。

提倡场景分析方法的运用，是 TCFD 框架的一个显著特色。TCFD 指出，对于大部分机构来说，气候变化导致的风险效应是中长期的，它们发生的时点和量级具有很大的不确定性。这对气候风险变化应对提出了方法论挑战。场景分析是在不确定性条件下，识别和评估各种未来的可能性空间的有效方法。场景分析不用给出精确的结果或者预测，只是在某种确定的趋势得以延续或者条件得以实现时，为人们提供一种思考未来的方法和路径。场景分析既可以是定性的，又可以是定量的，甚至可以是两种不同方法的综合运用。鉴于这些特点，TCFD 建议机构积极采用场景分析的方法，对多种可能的气候变化，尤其是针对 2 摄氏度及其以下温度变化的场景的潜在影响，展开压力测试。[①]

CDP 问卷

CDP 全球环境信息研究中心是一家总部位于伦敦的非营利性国际组织，其前身碳披露项目（Carbon Disclosure Project），是“全球商业气候联盟”（We Mean Business Coalition）的创始成员。

CDP 聚焦气候变化、森林和水安全三个重点领域，为投资者、企业和城市运行提供环境信息披露支持，并帮助其管理环境影响。经过 20 多年发展，CDP 反复验证和迭代出一套专业化的在线问卷体系，逐步发展成为全球最大、最全面、最具影响力的环境信息数据库。

CDP 在伦敦、北京、香港、纽约、柏林、巴黎、圣保罗、斯德哥尔摩和东京设有办事处。2012 年，CDP 进入中国，致力于为中国企业提供一个统一的环境信息平台，积极参与了绿色采购指南、碳市场监测、报告和认证（ MRV ）等国家标准的制定。

截至 2021 年 11 月，约占全球股票市值 64% 的 13000 多家公司向 CDP 报告环境数据，590 余家投资人和 200 余家大型供应链企业与 CDP 达成专项合作，通过这些平台和机制，CDP 汇聚了庞大的市场力量激励企业披露和管理其环境影响。

CDP 运用严格的方法论进行问卷设计，其评分旨在检验企业的环境表现，企业得分由低到高被划分为：披露级、认知级、管理级和领导力级，答题企业可以选择在 CDP 官方网站自愿公布或者不公布自己的得分。CDP 问卷在内容上无缝对接 TCFD 的原则、框架和

① 《气候相关财务信息披露工作组建议报告》。

披露细项，通过填报 CDP 问卷气候变化部分，答题企业等于同时完成了 TCFD 承诺下的信息披露。

更为重要的是，CDP 平台将企业年度得分分享给 ESG 指数、评级公司等金融机构和各类投资人，以供他们开展 ESG 评级、编制指数和直接投资等活动，实质上成为 ESG 投资一个主要的底层数据源。

除此以外，CDP 通过“投资者联署项目”和“供应链项目”这两个特色机制，进一步强化了它在 ESG 投资活动中的“关键连接点”地位。通过“投资者联署项目”，CDP 将 590 余家投资机构与答题企业定向联系在一起，这些投资机构所持有和代表的资金高达 110 多万亿美元，约占全球投资资金的 1/3。通过“供应链项目”，CDP 代表 200 多家全球知名的供应链会员企业，向题卷企业发放入场券，这些供应链会员企业加在一起，代表了 5.5 万亿美元的采购金额。[①]

GRI 标准

全球报告倡议组织 (Global Reporting Initiative，缩写为 GRI) 由对环境负责经济体联盟 (CERES) 与联合国环境规划署（UNEP）于 1997 年在美国波士顿共同发起成立。GRI 秘书处设在荷兰阿姆斯特丹，在巴西（2007 年）、中国（2009 年）、印度（2010 年）、美国（2011 年）、南非（2013 年）、哥伦比亚（2014 年）和新加坡（2019 年）等国家设有七个区域中心，构成一个全球工作网络。

GRI 成立的目的是建立可持续发展领域的首个问责机制，确保公司遵守负责任环境行为原则，然后将其扩大到社会、经济和治理

---

① CDP 官方网站以及《加强环境信息披露，共建可持续未来——CDP 中国报告 2019》等官方材料，https://www.cdp.net/zh

等领域。通过制定和推广一套统一的全球披露标准，GRI 可以帮助企业等社会组织，有效提高可持续发展报告的质量、专业水平和实用性。

GRI 在全球可持续发展标准委员会（GSSB）的指导和监督下制定报告框架和标准。GRI 于 2000 年首次发布指南（G1），为可持续性报告提供了第一个全球框架。次年，GRI 独立为一家非营利机构。2002 年，GRI 迁至荷兰阿姆斯特丹，并启动了指南的第一次更新（G2）。随着世界各地对 GRI 报告的需求增长，指南得到进一步扩展和改进，最终形成了 G3（2006）和 G4（2013）版本。

2016 年，GRI 从提供指南框架，过渡到制定第一个全球可持续性报告标准——GRI 标准。该体系的主题涉及“基础问题、一般披露、管理方法、经济绩效、市场表现、间接经济影响、采购实务、反腐败、不当竞争行为、物料、能源、水资源与污水、生物多样性、排放、污水和废弃物、环境合规、供应商环境评估、雇佣、劳资关系、职业健康与安全、培训与教育、多元化与机会平等、非歧视、结社自由与集体谈判、童工、强迫或强制劳动、安保实务、原住民权利、人权评估、当地社区、供应商社会评估、公共政策、客户健康与安全、营销与标识、客户隐私、社会经济合规”等广泛领域。这个标准体系持续地动态更新和扩充，包括关于税收（2019 年）和废弃物（2020 年）等新主题的标准会被不断扩充进来，以供各个行业的相关主体，根据不同需求选取使用。

该标准目前已经成为全球公认度最高、使用最广泛的可持续发展报告披露标准。根据相关研究报告，国内沪深 300 公司约有 65%

的公司以此标准展开 ESG 信息披露。[①]

国内监管规定

中国人民银行

2021 年 7 月，中国人民银行发布《金融机构环境信息披露指南》（以下简称《指南》），对在国内依法设立的银行、资产管理、保险、信托、期货和证券等金融机构在环境信息披露过程中遵循的原则、披露形式、披露频次、内容要素等提出原则性要求。

《指南》提出了“真实”、“及时”、“一致”和“连贯”四项基本原则，鼓励金融机构每年至少对外披露一次，披露可采取如下三种形式：第一，编制发布专门的环境信息报告；第二，在社会责任报告中对外披露；第三，在年度报告中对外披露。

关于披露内容，《指南》提出了 11 个方面的具体指引：（1）年度概况；（2）金融机构环境相关治理结构；（3）金融环境相关政策制定；（4）金融机构环境相关产品与服务创新；（5）金融机构环境风险管理流程；（6）环境因素对金融机构的影响；（7）金融机构投融资活动的环境影响；（8）金融机构经营活动的环境影响；（9）数据梳理、校验和保护；（10）绿色金融创新和研究成果；（11）其他环境相关信息。

---

① 《ESG 在中国：信息披露和投资的应用与挑战》，平安数字经济研究院、平安集团 ESG 办公室，2020 年 6 月 15 日。

中国银行保险监督管理委员会（简称银保监会）

2021 年 6 月，银保监会发布《银行保险机构公司治理准则》，该准则第七章明确了利益相关者和社会责任等方面的规定，并对相关信息披露工作提出要求，明确指出："银行保险机构应当贯彻创新、协调、绿色、开放、共享的发展理念，注重环境保护，积极履行社会责任，维护良好的社会声誉，营造和谐的社会关系。银行保险机构应当定期向公众披露社会责任报告。"

中国证券监督管理委员会（简称证监会）

2018 年 9 月，证监会在其发布的《上市公司治理准则》中，专设第八章"利益相关者、环境保护与社会责任"，对相关问题进行具体规定，初步确立了上市公司的 ESG 披露框架。

在证监会颁布的信息披露专门文件《公开发行证券的公司信息披露内容与格式准则第 2 号——年度报告的内容与格式（2021 年修订）》中，专设第五节，对环境和社会责任方面的信息披露进行规范。《准则》除了对环境保护部门公布的重点排污单位提出强制性环境信息披露之外，"鼓励公司自愿披露有利于保护生态、防治污染、履行环境责任的相关信息""鼓励公司结合行业特点，主动披露积极履行社会责任的工作情况，包括但不限于：公司履行社会责任的宗旨和理念，股东和债权人权益保护、职工权益保护、供应商、客户和消费者权益保护、环境保护与可持续发展、公共关系、社会公益事业等方面情况""鼓励公司积极披露报告期内巩固拓展脱贫攻坚成果、乡村振兴等工作具体情况"。

生态环境部

2008 年 2 月，国家环境保护总局发布《关于加强上市公司环境保护监督管理工作的指导意见》，提出“积极探索建立上市公司环境信息披露机制”。国家环保总局和中国证监会密切联动，建立“上市公司环境信息通报机制，对未按规定公开环境信息的上市公司名单，及时、准确地通报中国证监会。由中国证监会按照《上市公司信息披露办法》的规定予以处理”。

2010 年 9 月，环保部向社会公布《上市公司环境信息披露指南（征求意见稿）》，对上海证券交易所和深圳证券交易所的 A 股上市公司提出环境信息披露要求。该指南首次提出将突发环境事件纳入上市公司环境信息披露，将“重大环境问题的发生情况”“环境评价和‘三同时’制度执行情况”“污染物达标排放情况”“一般工业固体废物和危险废物依法处理处置情况”“总量减排任务完成情况”“依法缴纳排污费情况”“清洁生产实施情况”“环境风险管理体系建立和运行情况”等八个方面列为上市公司强制披露的内容，“经营者的环保理念”“上市公司的环境管理组织结构和环保目标”“环境管理情况”“环境绩效情况”“其他环境情况”等五个方面由上市公司自愿披露。

国务院国有资产监督管理委员会（简称国资委）

2008 年 1 月，国资委印发《关于中央企业履行社会责任的指导意见》，意见从“坚持依法经营诚实守信”“不断提高持续盈利能力”“切实提高产品质量和服务水平”“加强资源节约和环境保护”“推进自主创新和技术进步”“保障生产安全”“维护职工合法权益”“参与社会公益事业”等八个方面提出了对中央企业履行社会责任的具体要求，同时在第十八条专门规定了社会责任报告制度：“有条件的企业要定期发布社会责任报告或可持续发展报告，公布企业履行社会责任的现状、规划和措施，完善社会责任沟通方式和对话机制，及时了解和回应利益相关者的意见建议，主动接受利益相关者和社会的监督。”

证券交易所

上海证券交易所（以下简称上交所）方面，2008 年，上交所发布《上海证券交易所上市公司环境信息披露指引》和《“公司履行社会责任的报告”编制指引》两个重要文件，对于环境和社会责任领域里的应披露事项，以及相关披露要求进行了具体规定。2019 年，上交所发布《上海证券交易所科创板股票上市规则》，强制要求科创板上市公司进行 ESG 信息披露。该规则要求科创板上市公司，“应当在年度报告中披露履行社会责任的情况，并视情况编制和披露社会责任报告、可持续发展报告、环境责任报告等文件”。

深圳证券交易所（以下简称深交所）方面，2006 年 9 月，深交所发布《深圳证券交易所上市公司社会责任指引》，从“股东和债权人权益保护”“职工权益保护”“供应商、客户和消费者权益保护”“环境保护与可持续发展”“公共关系和社会公益事业”等五个方面，对企业履行社会责任提出指引，鼓励企业建立社会责任制度，编写并对外披露社会责任年度报告。2015 年，深交所发布主板、中小板、创业版的《深圳证券交易所上市公司规范运作指引》，对企业履行社会责任方面的信息披露提出进一步要求。2020 年修订和整合之后的《深圳证券交易所上市公司规范运作指引》，在第八章社会责任中明确规定，“上市公司应当积极履行社会责任，定期评估公司社会责任的履行情况，自愿披露公司社会责任报告”。

香港联合交易所方面，2012 年，香港联交所首次发布《环境、社会及管治报告指引》，建议上市公司自愿开展 ESG 信息披露。2015 年香港联交所更新第二版《环境、社会及管治报告指引》，提出将部分指标纳入强制披露范围。2019 年 5 月，香港联交所发布《检讨环境、社会及管治报告及相关上市规则条文》的咨询文件，并于同年 12 月发布相关咨询总结，进一步提升披露的强制性。根据最后修订生效的文件，该指引所涵盖的披露内容被划分为“强制披露”和“不披露就解释”两个层次。“管治架构”、“汇报原则”和“汇报范围”属于强制披露的内容，而环境和社会领域一定“范围、层面、一般披露及关键绩效指标”的具体内容，则被划入“不披露就解释”的范围。2021 年 11 月，香港联交所发布《气候信息披露指引》，要求相关上市公司在 2025 年之前，按照 TCFD 框架标准进行气候信息披露。

应用工具——指数和评级

明晟（MSCI）ESG 指数与评级

明晟指数（MSCI：Morgan Stanley Capital International Index），由摩根士丹利资本编制，是目前对全球投资组合基金经理影响力最大的股票指数之一，全球排名前 100 家的资产管理者中，有 90 多家是其客户，全球以 MSCI 为基准的资产规模超过 9.5 万亿美元。

MSCI 于 1969 年推出第一只发达市场指数，之后陆续开发出“前沿市场指数”“新兴市场指数”“美国指数”“欧洲、澳洲和远东指数”“全球市场指数”等系列指数，范围覆盖全球 50 多个国家和地区，拥有高达千人的指数开发和编制团队。

2017 年 6 月，明晟宣布将中国 A 股纳入 MSCI 新兴市场指数，纳入因子为 5%，所涉 A 股上市公司约占 MSCI 新兴市场指数 0.73% 的权重。2019 年 3 月，明晟宣布将于同年 11 月将 A 股纳入因子提升至 20%，扩容之后，A 股 253 只大盘股和 168 只中盘股进入 MSCI 新兴市场指数，权重提升至 3.3%左右。

MSCI 对 ESG 的研究最早可以追溯到 1972 年。1990 年，明晟推出第一个 ESG 指数，1999 年之后，明晟对行业有重大影响的公司展开 ESG 评级。目前，MSCI 中国指数中包含两只 ESG 指数：MSCI 中国 A 股人民币 ESG 通用指数和 MSCI 中国 A 股国际通人民币 ESG 通用指数。

MSCI 中国 A 股人民币 ESG 通用指数基于其母指数 MSCI 中国 A 股人民币指数编制，涵盖在上海和深圳交易所上市的大中盘中国证券。该指数仅覆盖可通过“港股通”买卖的证券。该指数专为中国国内投资者设计，使用中国 A 股当地上市股票和在岸人民币汇率 (CNY) 计算。该指数反映以下投资策略的表现：通过偏离自由流通市值权重，寻求增持展现出稳健 ESG 表现以及 ESG 表现积极改善的公司，在最低限度内剔除 MSCI 中国 A 股人民币指数的成分股。

MSCI 中国 A 股国际通人民币 ESG 通用指数基于其母指数 MSCI 中国 A 股国际通人民币指数构建，旨在跟踪 A 股随时间推移逐步纳入 MSCI 新兴市场指数的情况。该指数专为中国国内投资者设计，并使用在岸人民币汇率 (CNY) 计算中国 A 股上市股票的价格。该指数旨在反映以下投资策略的表现，即通过改变自由流通市值权重，寻求增持表现出稳健 ESG 表现以及 ESG 表现积极改善的公司，同时寻求在最低限度内剔除母指数 MSCI 中国 A 股国际通人民币指数的成分股。

MSCI 官方网站专门介绍了编制上述指数的两个基本方法：指数构建方法和 FaCS 因子框方法。

MSCI ESG 通用指数按以下步骤进行构建。首先，从 MSCI（“母指数”）中剔除 ESG 表现最弱的股票。然后，定义 ESG 重新加权因子，它反映对当前 ESG 表现（基于当前 MSCI ESG 评级）及对该概况的趋势（基于 MSCI ESG 评级趋势）的评估。最后，使用组合 ESG 评分对母指数中成分股的自由流通市值权重进行调整，以构建 MSCI

ESG 通用指数。该指数于 2 月、5 月、8 月和 11 月进行审议，与 MSCI 全球可投资市场指数的季度和半年度指数审议一致。

MSCI FaCS 是评估和报告股票投资组合因子特征的标准方法（MSCI FaCS 法）。MSCI FaCS 由因子组（例如价值、规模、动量、质量、收益率和波动性）组成，这些因子组已在学术文献中广泛记录，并被 MSCI 相关研究部门确认为股票投资组合风险和回报的主要驱动因素。这些因子组根据最新的 Barra 全球股权因子风险模型 GEMLT 汇总的 16 个因子（例如市净率、盈利 / 股息收益率、长期反转、杠杆率、盈利变动性 / 质量、贝塔值）构建，旨在使基金对比透明和直观，便于使用。依托 MSCI FaCS 构建的 MSCI 因子框提供了可视化功能，旨在轻松比较基金 / 指数及其基准对于 6 个因子组的绝对敞口，这些因子组经历史验证，拥有长期的超额市场回报。[①]

明晟是目前最具国际影响力的指数和评级，相关情况还会在后文因子投资部分的案例中进行深入介绍。

富时社会责任（FTSE4Good）指数与评级

富时罗素（FTSE Russell）系由伦敦证券交易所集团全资持有的附属公司——FTSE Russell 推出的系列指数，与法国 CAC-40 指数、德国法兰克福指数等并称为欧洲三大股票指数，是全球最具影响力的股票指数之一。

富时罗素运营富时 100 指数、富时 250 指数等系列指数，基础数据来自 46 个国家的证券，客户遍及 77 个国家和地区，覆盖全球

① 以上资料引自 msci 官方网站，https://www.msci.com/documents/1296102/23046049/msci-china-a-inclusion-rmb-esg-universal-index-price-cny-Chinese.pdf

98% 的可投资市场。目前，全球以富时罗素指数为基准的资产规模约有 15 万亿美元。

2018 年 9 月，富时罗素宣布启动中国 A 股纳入方案，截至 2020 年 3 月，纳入因子已提升至 25%，所纳入的中国 A 股占富时罗素新兴市场比重约为 5.5%，占富时环球指数比重约为 0.6%。据官方表态，富时罗素还将逐步加大扩容，最终纳入全部中国股票（包括 A 股以及非 A 股中国股票），把中国股票在富时新兴市场指数的占比提升至 50%，在富时环球指数的占比提升到 6.5%。

富时罗素拥有近 20 年的 ESG 经验，基于全球数千家公司的基础数据，为市场提供 ESG 相关数据分析、评级和指数服务。2001 年，富时罗素率先推出全球首批 ESG 指数系列——富时社会责任指数系列（FTSE4Good）。富时社会责任指数系列由全球公认的富时全球股票指数系列衍生而来，目前已有 FTSE4Good 美国指数、FTSE4Good 欧洲指数、FTSE4Good 澳大利亚 30 指数、FTSE4Good 日本指数、FTSE4Good 英国指数、FTSE4Good 新兴市场指数、FTSE4Good 东盟 5 国指数、FTSE4Good 西班牙指数、FTSE4Good 发达市场最小方差指数、FTSE4Good Bursa 马来西亚指数和 FTSE4Good TIP 台湾 ESG 指数等。

富时社会责任系列指数的直接作用在于识别并衡量公司的 ESG 表现和绩效。通过具有透明度的指数管理和计算准则，富时社会责任系列指数已成为公司管理 ESG 风险和领导产业的通用工具，成为投资顾问、资产所有者、基金经理、投资银行、证券交易所和经纪商创建或评估社会责任投资产品、挑选投资目标的通用工具。

富时社会责任系列指数锚定四个方面主要用途：（1）金融产品：为可持续投资基金或其他金融产品创建指数跟踪工具。（2）研究：帮助识别环境和社会方面具有可持续发展能力的公司。（3）参考：提供一个透明且不断完善的全球 ESG 标准，以供公司根据该标准评估其 ESG 工作进展和成就。（4）基准：为跟踪可持续投资组合绩效提供一个基准指数。

富时社会责任系列指数设置了三个准入门槛：（1）公司要进行 ESG 风险管理，衡量 ESG 表现。（2）排除从事武器、烟草业务和以采煤为主营业务的公司。（3）被采纳公司，要以使用富时罗素的 ESG 评级为前提。此外，富时社会责任系列指数支持联合国可持续发展目标（SDGs），联合国 17 项可持续发展目标全部纳入富时社会责任系列指数编制的评估范围。

2012 年，富时社会责任指数根据指数编制方法推出 ESG 评级。整体评级可细分为基础支柱风险和评分、主题风险和评分，共涉及 300 多项独立指标，每家公司根据自身的区域、行业等特征进行综合打分。

被评级企业要就“气候变化”“生物多样性”“污染和资源”“用水情况”“消费者责任”“健康和安全”“人权和社区”“劳动标准”“反贪腐”“企业治理”“风险控制”“税制透明度”等多个主题采取实际举措，才有可能获得合格的评级分数，进入富时社会责任系列指数的成分股。

在满分为 5 分的 ESG 评级体系中，被评估公司的总体得分须不低于 3.1 分，才能取得纳入富时社会责任指数成分股资格。[①]

标普道琼斯可持续发展指数（S&P DJSI）与评级

标普道琼斯指数为标普全球旗下公司，是目前全球最大的指数

① 富时罗素官方网站及其公开发布的报告：FTSE4Good_Index_Series_brochure_Chinese_V2，FTSE_Sustainable_Investment_Data_and_Indexes-Chinese_v2”，https://www.ftserussell.com/

概念、数据及研究资源供应商，编制并运营了包括标普 500 指数和道琼斯工业平均指数在内的系列指数。标普 500 和道琼斯工业平均指数是世界上历史最悠久、最负盛名的全球标杆指数，二者均追踪美国高市值公司，众多世界顶级基金公司的指数挂钩型产品及其衍生品合约均以此为基础，以二者为基准的资产规模高达 10 万亿美元以上。

2018 年年底，标普道琼斯指数宣布进军中国 A 股，截至 2019 年 9 月，共有 1099 家中国 A 股上市公司纳入标普新兴市场全球基准指数，纳入因子为 25%，所纳入的中国 A 股在该指数中占比为 6.2%。

1999 年，标普道琼斯指数联合致力于企业可持续发展评估、可持续发展指数、基准以及 ESG 主题资产管理的资产管理公司 Robeco SAM（SAM 为其注册的商标品牌），共同推出标普道琼斯可持续发展世界指数，随后陆续推出核心 ESG、特色本地 ESG、巴黎协议及气候转型（PACT）、主题 ESG、固定收益 ESG 等系列指数。经过 20 多年发展，标普道琼斯可持续发展系列指数已经成为全球最权威的 ESG 管理和投资活动基准之一。

标普道琼斯可持续发展系列指数以其 ESG 评级确定成分股，每年有 3500 多家全球著名的公司受邀参加标普道琼斯 ESG 评级，以求通过评级，拿到成分股资格。近年来，参加评级的公司显著增长，2019 年达到 7600 家之多。

标普道琼斯 ESG 评级以 SAM 年度企业可持续发展评估问卷（CSA）为基本方法，该问卷以 20 年投资表现数据为依据，具有彻底性、粒度性、严格的验证标准以及数据源透明等特征。其评分体系自上而下分为总分、要素评分、标准评分、行业问题评分和数据点五个层次。其中，总分满分为 100 分，要素评分分为 E、S、G 三项。参考全球行业分类系统（GICS），SAM 提出了 61 个行业分类标准，根据行业类型的不同，标准评分有 16—27 项，行业问题有 80—120 项，数据点有 600—1000 个。

受邀参加答卷的公司，可以选择主动填写 CSA 答卷，也可以选择不作答。对于后一种情况，SAM 公司将利用公开披露的信息资料进行被动评分。受邀公司选择不答题的情况下，SAM 公司将依据不同情形作如下处理：

1）在受邀公司不参加 CSA 答卷的情况下，SAM 分析师无法从公开披露信息中获得答案的强制性问题会按零分计算，计入总分。

2）在受邀公司不参加 CSA 答卷的情况下，SAM 分析师无法从公开披露信息中获得答案的非强制性问题会被忽略，其权重将被重新分配给其他指标。

3）在受邀公司参加 CSA 答卷的情况下，如果对某个具体问题不作回答，无论该题目属于强制性问题还是非强制性问题，SAM 分析师都会把该问题按零分计算，并计入总分。

CSA 问卷的核心逻辑在于：从环境、社会和公司治理的维度展开财务重要性分析，识别出具有财务重大影响、与长期财务表现关系密切的行业可持续发展问题，按照 61 个行业分类标准，在五个层面 1000 个数据点的体系中，构造出 ESG 要素的财务重要性矩阵，以此作为 CSA 问题答案及其权重的标准。①

中证 ESG 指数

2005 年 8 月，在中国证券监督管理委员会指导下，上交所和

① 参考标普全球官网公开资料，重点参考“methodology-sp-dji-esg-score-chinese”“faq-spdji-esg-scores-sc”等资料，https://www.spglobal.com/zh/

深交所共同出资发起设立中国证券指数有限公司（China Securities Index Co., Ltd.）。中证指数公司目前开发和运营的股票、债券、商品、指数期货、基金等各类指数5000余只，覆盖以中国沪港深市场为核心的全球16个主要国家和地区，是具有国际影响力的中国指数供应商。

作为国内领先的指数供应商，中证指数有限公司（以下简称中证）以推动中国资本投资全球市场、促进国际资本配置中国经济为目标，持续推动和引领国内ESG投资发展，致力于建立中国ESG标准，为国内外投资者践行ESG投资提供专业服务。

2008年1月，中证与上交所联合发布上证公司治理指数，开国内ESG指数研究之先河。2020年4月，中证发布第一批ESG指数系列——沪深300 ESG指数系列；同年6月，中证指数加入UNPRI，深化ESG机制国际接轨；2020年12月，中证发布首份ESG方法论文件《中证指数有限公司ESG评价方法》。2021年2月，中证ESG评价体系的样本空间覆盖全部A股；2021年3月，中证发布第二批ESG指数系列——中证500、中证800 ESG指数系列；2021年9月，中证ESG指数系列通过IOSCO鉴证，成为国内首家获得ESG指数IOSCO独立鉴证报告的指数机构。

目前，中证已经形成覆盖全部A股的ESG评价数据，发布了包括沪深300 ESG基准指数（300 ESG）、沪深300 ESG领先指数（300 ESG领先）、中证500 ESG基准指数（500 ESG）、中证500 ESG领先指数（500 ESG领先）、中证800 ESG领先指数（800 ESG领先）等在内的15只ESG指数。

除此以外，中证还发布了上海环交所碳中和指数、碳中和60指数、生物育种主题等指数，截至2021年10月底，累计发布ESG等可持续发展指数82只，其中股票指数64只、债券指数17只、多资产指数 1 只。基于中证 ESG 等可持续发展指数的产品有 53 只，规模合计 920.22 亿元人民币，其中跟踪中证 ESG 评价编制指数的产品有 4 只，规模合计 7.84 亿元人民币。[①]

中证 ESG 评价方法的核心思想，是将环境、社会责任、公司治理作为评价企业可持续发展能力的三个基本维度，通过 14 个主题、22 个单元和 180 多个指标，量化企业财务表现之外的收益和风险因素，从而揭示 ESG 因素对公司可持续运营的影响，帮助投资者了解 ESG 风险和机遇，推动 ESG 因素纳入投资决策过程。

具体计算方法是从下至上逐级加总，由单元、主题、维度和 ESG 总分分级计算。单元得分由分类指标直接汇总得出。之后，主题、维度和 ESG 总分则由下一层级分数加权合成，加权的权重根据行业特征和数据质量等因素综合确定。具体计算如下：

主题分数 $=\sum_{i=1}^{n}$，该主题下的单元分数 $i\times$ 单元权重 w_i

维度分数 $=\sum_{j=1}^{m}$，该维度下的主题分数 $j\times$ 主题权重 w_j

ESG 总分 $=\sum_{p=1}^{q}$，不同行业的维度分数 $p\times$ 主题权重 w_p

评分按月更新，打分所使用的信息来源包括：上市公司年报、季报和不定期报告，上市公司社会责任报告以及其他上市公司披露的信息；产业规划、认证、处罚、监管评价等政府机构发布的公开信息；新闻舆论、事件调查等权威媒体发布的信息；上市公司绿色收入、隐含违约率等中证指数公司的特色信息等。当公司发生重大环境污染、重大危害公共安全及重大财务造假等严重 ESG 风险事件时，中证指数公司对中证 ESG 评价进行及时更新。[②]

---

① 中证官方研究报告：中证 ESG 月报（2021 年 10 月）。

② 中证官方研究报告：《让 ESG 投资不再雾里看花——中证 ESG 评价方法的逻辑和特点》以及中证官网公开信息，https://www.csindex.com.cn/#/

商道融绿（Syntaogf）ESG 评级

商道融绿（Syntaogf）是国内最早专注于为客户提供责任投资与ESG 评估及信息服务、绿色债券评估认证、绿色金融咨询与研究等专业服务的机构之一，在绿色金融及责任投资专业服务方面处于国内领先水平。商道融绿是国内首家联合国责任投资原则（PRI）的签署机构，并发起成立了中国责任投资论坛（China SIF），在引领 ESG 投资理念和实践方面具有广泛的专业影响力。

基于在 ESG 领域的长期研究积累，商道融绿于 2015 年开发了自己的 ESG 数据库和评级体系，相关数据覆盖了中国境内外的上市公司、券商和相关企业数据，以及行业和宏观经济面的 ESG 数据。

商道融绿 ESG 评级旨在衡量公司纳入 ESG 因素之后的可持续发展水平。该评级框架覆盖来自披露数据、监管数据、媒体数据、宏观数据、地理数据和卫星数据等不同数据源的近 700 个数据点。评估对象包含 14 个 ESG 核心议题下的近 200 个 ESG 指标。通过 51 个行业模型，评估对象最终会得到一个处于 0—100 分范围内的 ESG 具体得分，以及一个 ESG 等级评定，该评级从 A+ 递减至 D，共分 10 级。

14 个 ESG 核心议题包括环境议题 5 项：环境政策、能源及资源消耗管理、污染物排放管理、应对气候变化以及生物多样性；社会议题 6 项：员工发展、客户管理、供应链管理、信息安全、产品管理和社区；治理议题 3 项：公司治理、商业道德和合规管理。

具体 ESG 指标体系见表 2-2：

表 2-2 商道融绿 ESG 指标体系

核心议题		ESG 核心指标示例	ESG 行业指标示例	
			采矿业	农林牧渔
环境	E1 环境政策	环境管理体系、环境管理目标、节能和节水政策、绿色采购政策等	采区回采等	可持续农（渔）业等
	E2 能源及资源消耗管理	能源消耗、节能、节水、能源使用监控等	-	-
	E3 污染物排放管理	污水排放、废气排放、固体废弃物排放等	废弃物综合利用率等	污染物排放监控等
	E4 应对气候变化	温室气体排放、碳强度、气候变化管理体系等	-	-
	E5 生物多样性	生物多样性保护目标与措施、珍稀动物使用等	生态恢复措施等	珍稀动物使用等
社会	S1 员工发展	员工发展、劳动案例、员工权益等	职业健康安全管理体系等	职业健康安全管理体系等
	S2 供应链管理	供应链责任管理、供应链监督体系等	-	-
	S3 客户管理	客户管理关系、客户信息保密等	-	可持续消费等
	S4 产品管理	质量管理体系认证、产品 / 服务质量管理等	-	-
	S5 信息安全	数据安全管理政策等	-	-
	S6 社区	社区沟通、社区健康和安全、捐赠等	社区沟通等	社区沟通等
治理	G1 商业道德	信息披露、董事会独立性、高管薪酬、审计独立性等	-	-
	G2 公司治理	反腐败与贿赂、举报制度、纳税透明度	-	-
	G3 合规管理	合规管理、风险管理等	-	-

指标计算方法和公式如下：

总体而言，评级对象公司的 ESG 总分，由其 ESG 管理得分和

ESG 风险得分加总得到：

$$ESGScore_c = ESGMgtScore_c + ESGRiskScore_c$$

分开来看，ESG 管理得分和 ESG 风险得分分别由其对应的议题加权求和得到：

$$ESGMgtScore_c = \sum Weight_c \times Issue\_ESGMgtScore_c$$

$$ESGRiskScore_c = \sum Weight_c \times Issue\_ESGRiskScore_c$$ [1]

① 商道融绿官方网站，https://www.syntaogf.com/pages/%E5%95%86%E9%81%93%E8%9E%8D%E7%BB%BFesg%E8%AF%84%E4%BC%B0%E6%96%B9%E6%B3%95%E8%AE%BA

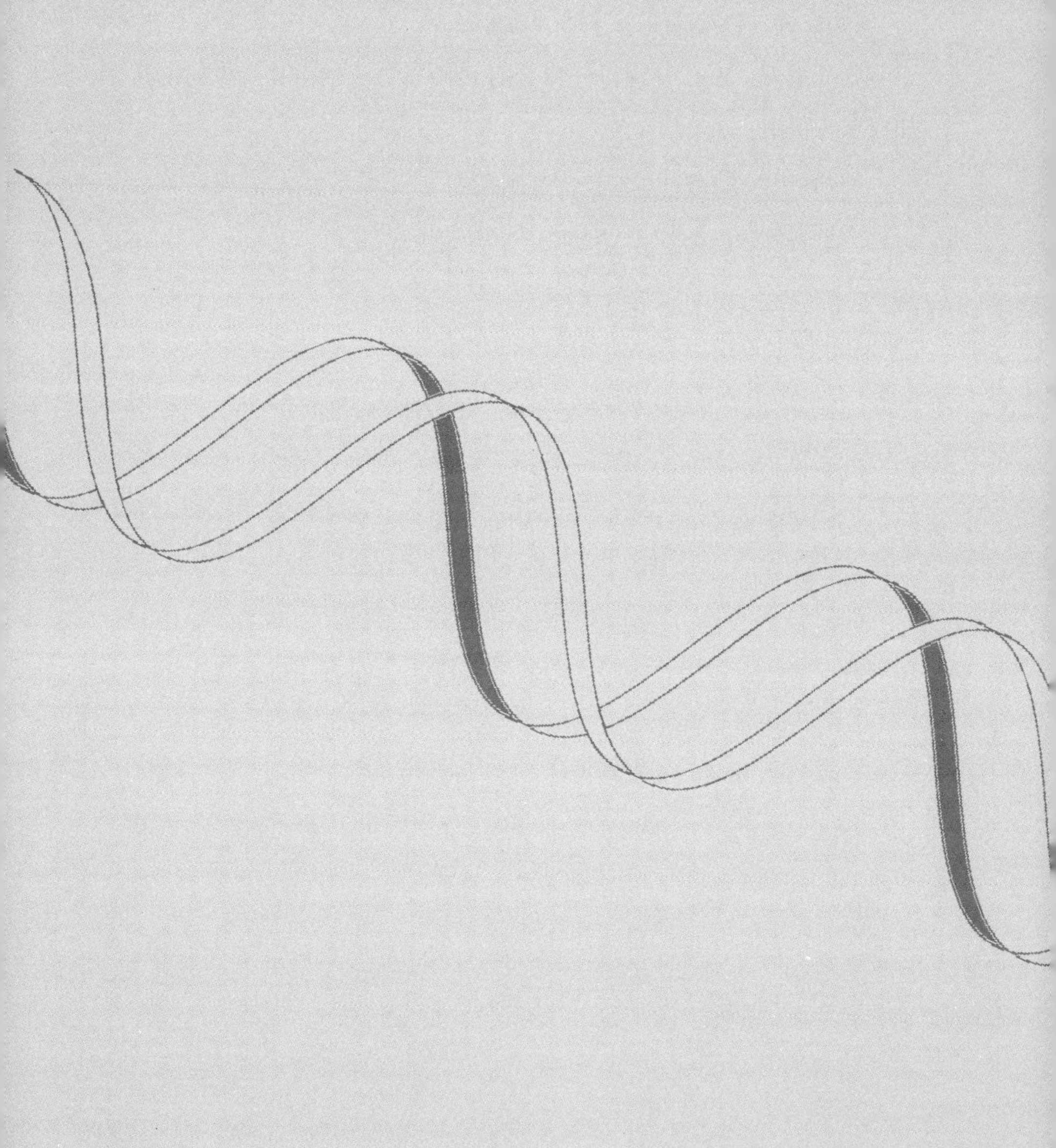

- 3 -
风控为先

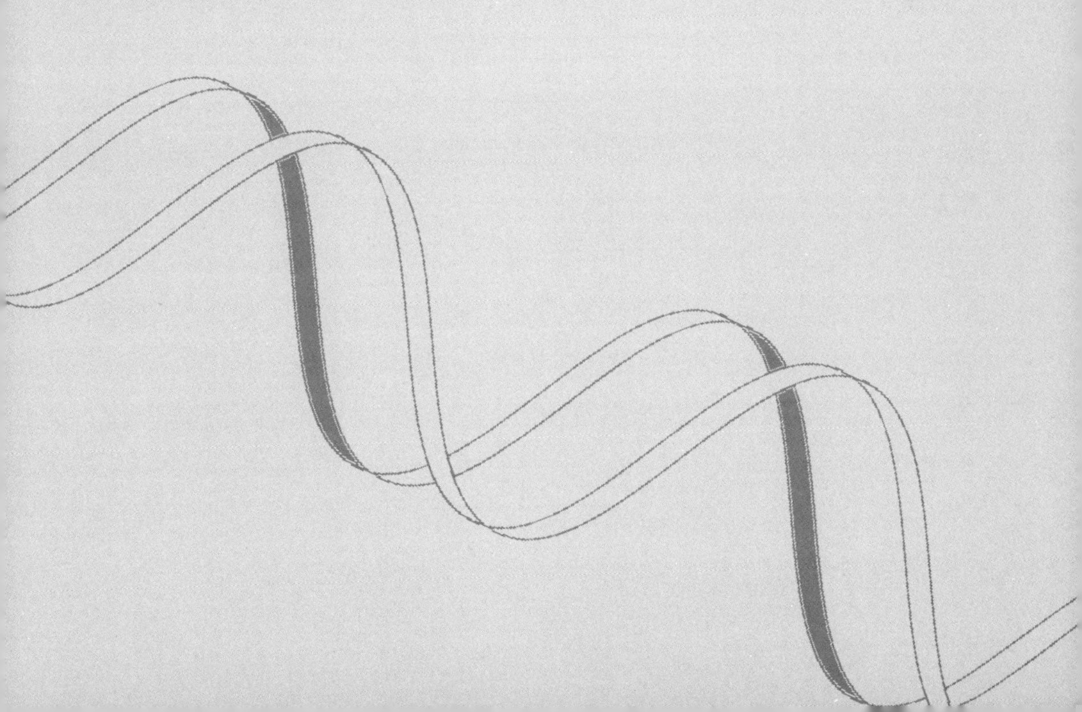

投资的本质是管理风险

不赔钱：投资第一铁律

投资的首要问题是不赔钱，如何对风险进行控制，没有比战争哲学讲得更透彻的了。《孙子兵法》称："昔之善战者，先为不可胜，以待敌之可胜。不可胜在己，可胜在敌。故善战者，能为不可胜，不能使敌之可胜。"

这段话清晰地阐述了这样一个道理：保持不败是自己能够控制的，而这正是取胜所能凭仗的根本策略。运用到股市中，就是说，跟赚钱比起来，怎样保证不赔钱，才是最重要、优先级最高的根本问题。

查理·芒格用一则笑话说明同样的道理。一个乡下人到处打听自己会死在何处，他说："要是知道我会死在哪里就好了，我将永远不去那个地方。"[①] 同样，如果能知道哪只股票会下跌就好办了——永远不碰它。显然，只能是个空想。现实中，股价总是在上下波动，

---

① 〔美〕彼得·考夫曼编：《穷查理宝典：查理·芒格智慧箴言录》，李继宏译，中信出版社 2016 年版，第 175 页。

谁也无法准确预测它什么时候会下跌。无人能避免买入下跌的股票，除非他永远不下水，一直在岸上持币观望。

金融学原理告诉我们：投资收益本质上得益于风险溢价。投资人必须与狼共舞，要在风险中控制风险，就像战士只能通过打仗来赢得战争。这是与“不赔钱”策略相悖的地方。

但，这并不意味着，“不赔钱”是个无法执行的策略。

技术派将“不赔钱”概念，扩大解释为“不赔大钱”。什么是“大钱”呢？对股票投资来说，有人提出下跌 7% 或 8% 的止损线，也有人把这条线提高到 5%，当然也有把比例放宽到 10% 的，凡此种种，不一而足。在止损线概念背后，主要是基于数理原理对资本金复原能力的考量。

比如，同样投资 100 元，我们比较一下分别下跌 8%、50% 和 90%，之后再上涨同样比例的情况。100 元跌 8% 之后再涨 8%，是 99.36 元；跌 50% 之后再涨 50%，是 75 元；跌 90% 之后再涨 90%，是 19 元。就本金的复原能力来说，被 8% 折腾一番，损失还不大，能够基本恢复到和原来差不多。但是被 90% 砍一刀，就相当于被降维了，再想从 19 爬到 100，将会非常困难，因为概率上的支撑不存在了。这和打仗的道理一样，小失败容易扳回来，但是被打到“无颜见江东父老”的地步，就几乎没办法翻盘了。

价值投资者发明了另外一种有效的“不赔钱”策略。他们通过深入研究公司财务报表，找出价值被低估的股票。从所谓的“价值洼地”中构筑本金的安全边际。同时，价值投资者谨慎地站在自己的认知圈之内活动，对于不熟悉的领域从不轻易尝试。任你是“圆宇宙”还是“方宇宙”，巴菲特只对可口可乐感兴趣。弱水三千，只喝自己熟悉的味道。

作为新型风控手段，ESG 与技术派和价值投资法相比具有截然不同的内在逻辑。环境、社会和公司治理，代表了主要财务指标之外对公司价值影响最显著的风险点。因为不能直接体现财务价值，这三个领域的风险点往往容易被传统风控模式忽略。

但从经验来看，这三个地方恰是灰犀牛最容易潜伏的地带。一旦里面的风险被引爆，可能会带来灭顶之灾。从技术角度看，ESG正在发展成一种系统性方法，它用指标建造的数字矩阵来筛查风险。这种策略充分利用了这个时代最显著的方法论成果——大数据和人工智能，因而显示出时代先进性。

本章将重点探讨如何运用ESG建立一个同历史上其他方法具有本质区别的“不赔钱”策略。为此，我们将在下一节对风险的本质进行分析，在此基础上ESG投资的“不赔钱”策略将会水落石出，那就是：有效防范“可见但不可测度的不确定性”风险。

可见但不可测度的不确定性

拉姆斯菲尔德有个好玩的说法：“既有已知的未知，也就是说，我们知道有些事情自己不知道；也有未知的未知——那些我们不知道自己不知道的东西。”这个说法颇有启发意义，因此引起数据科学的重视。[①]我们正在讨论的问题，似乎同样可以从中获得借鉴。按此说法，也存在着对不确定性的一种基本分类，那就是：“确定的不确定性”和“不确定的不确定性”。

前者正是现代金融理论给风险下的定义。在此类风控模型中，风险被表示为随机量的方差，VaR等风控方法的运用，就是利用方差这个参量对不确定性进行概率“确定”的过程。

---

① 〔英〕戴维·汉德著：《暗数据》，陈璞译，中信出版社2022年版，第13页。

传统理论认为，风险概念区别于不确定性的本质在于：不确定性事件概率上的可测度性。可测度的不确定性被定义为风险，而不可测度的不确定性才是真正的、纯粹的不确定性。那么，是什么原因导致一些不确定性事件无法在概率上被测度呢？

答案是，结果事件的可见性程度。只有掌握充分的结果事件数据，才能建立有效的概率框架。如果历史数据不可见，或者可见性程度不够高，我们就无法完成概率分析。由此，我们可以说，可见性是可测度性的前提。可见性的累积满足概率分析的条件时，就可转化为可测度性。

在可见性与可测度性之间，ESG 风险管理开拓出一个属于自己的新舞台。

传统风险管理离不开场景分析。这个过程一方面要对各种不同场景下的预期损失做估计，另一方面要测算出特定场景发生的概率分布，通过综合这两项指标，最终得出对投资风险的定量化描述。

但是，我们知道，并非所有场景的概率分布都是可测的。

测算概率的前提是占有历史数据。比如，我们对车祸保险进行风险定价时，首先要从交管部门或保险公司获取当地车祸的历史数据，在此基础上才能进行概率分析，得出各种类型车祸事件发生的可能性空间。其间的一个必要条件是：历史数据呈现出大量重复性的车祸场景。

但是，对于一些特定的偶发情况来说，在传统风险管理的方法论意义上，其概率分布是不存在的。比如，单独某家公司因为经营不善倒闭的概率。对于这种缺乏历史数据的一次性风险，我们无法对其可能性进行概率分析。这种情形下的不确定性，就是我们这里要研究的“不确定的不确定性”，即不可测度的不确定性。

“不可测度”不等同于“不可见”。什么是“不可见”？就投资风险管理来说，最好的标准莫过于信息披露。公司按要求进行披露的信息，属于“可见”的；反之，没有纳入披露范围的信息，多是“不可见”的。由此，我们可以做一个简单的交叉分析，见下表。

表 3-1 可测度与不可测度

类型	可见	不可见
可测度	须披露的财务数据	未披露的财务数据
不可测度	须披露的非财务数据	未披露的非财务数据

以上表分析为基础，我们将得到一种新的风险类型：“可见但不可测度的不确定性”——这正是 ESG 风险管理所要处理的独特对象。

ESG 风控原理

从“可见但不可测度的不确定性”的本质出发，可以看出 ESG 型风险具有四方面特征：

第一，风险点的存在范围上，具有无限性特征。ESG 风险领域是个开放的无限性系统，风险点何时出现、在哪出现、如何出现等，具有可预测性低的特点。传统风险的关注点锁定财务相关数据，相对来说，是一个边界清晰的系统。而 ESG 风险来自财务数据之外的不特定信息，虽然有环境、社会和公司治理三大主题限定，但在实践中，这三个主题的外延不但缺乏明确界限，而且是动态发展的，是一个时刻处于变化之中的无限性系统。

第二，风险过程上，具有突发性特征。ESG 领域的不确定性之所以不可测度，原因在于相关信息的可见度低。这种低可见度，分两种情况导致风险的突发性特征。

第一种情况是“灰犀牛”式的，诸如气候风险以及一些常见的公司治理缺陷，这些风险信息散见在其他信息批露项下，虽然已经呈现在人们的视野中，但是，因为缺乏相关理论、意识和方法，被人视而不见。一旦风险爆发，管理层和投资人就都会陷入措手不及的慌乱之中。

第二种情况是“黑天鹅”式的，比如财务造假、环境违规等，这类风险的存在，管理层自己是心中有数的，但是由于刻意隐瞒实情，逃避信息披露，他们会将投资人屏蔽在真相之外。投资人如果不能在其他信息中发现蛛丝马迹，就察觉不到这种“黑天鹅”风险。直到负面事件爆发，猝不及防地砸碎“岁月静好”的假象。

第三，风险识别上，需要借助外部规范和标准。ESG 风险多以一个外部的价值观和规范体系为产生基础。识别这类 ESG 风险，要以掌握相关的价值观体系及其规则、标准为前提，这些社会规范主要表现为“显规范”、“潜规范”和“新规范”三种形态。

“显规范”主要体现为监管部门对公司治理以及环境保护等方面的明确规定，违背或者规避相关的义务则会受到行政处罚。“潜规范”基于某些不成文的价值观以及社会认可的公序良俗，违背“潜规范”可能不会受到法律惩罚，但是会损失社会资本。“新规范”主要是指基于限制碳排放而引起的规则变化趋势，这些新的规范可能尚未经过有效程序而成为法律、法规，但是已经能够清晰地预见。

第四，风险判定上，难以实行直接的量化归因。多数情况下，ESG 风险对财务绩效的影响，具有显著的非线性特征。ESG 投资从定义上将其分析对象锁定于非财务数据的范围，因此，ESG 风险只能通过间接的方式导致财务损失，理论上看，这是一种非线性的因果关系模式。比如，公司管理层因为争权夺利搞垮公司，从而影响投资人的收益等。

ESG风险的识别以定性方式为主，要经由方法论和专门工具的开发，才能逐步实现可量化。需要指出的是，我们将ESG风险特征描述为“可见但不可测度”，并不能简单地将其理解为不可量化。事实上，ESG投资分析是一种定性与定量相结合的方法，在定量方面，ESG会运用人工智能和大数据方法来建立关系模型，通过非线性的数据矩阵量化风险。

鉴于以上分析，针对ESG型风险的管理手段，也相应地体现出如下三方面的特点。

第一，ESG风控的基础着力点在于信息披露制度的增量创新。理论上说，可测度性是由数据可见性积累而导致的质变，将传统信息披露制度未作要求的环境、社会和公司治理事项不断充实到应披露范围中，是推动不确定性事项走向可概率化的必由路径。

从投资人的ESG风险管理角度说，首先要运用监管、股权、审计、媒体等手段，推动增量信息披露要求，将处于信息黑洞区间的“未披露的财务数据”和“未披露的非财务数据”，尽量多地转化为可见信息。

接下来，要以财务相关性为标准，将“须披露的非财务数据”中的环境、社会和公司治理的要素信息抽取出来，并从经济影响角度对这些信息进行分析，多数情况下，这种处理是以外部赋值的方式进行的。

这个过程的本质，实际上是增加了风险发现的制度供给。随着相关制度的发展完善，ESG信息披露机制将会源源不断地生成大量有价值的风险数据。在传统风险分析模式饱和运作的情况下，把ESG信息作为重要的增量分析要素吸收进来，既是符合逻辑的理性选择，又是一种市场需求驱动的现实发展方向。

第二，在具体操作上，ESG风控特别注重战略层级的避坑效应。

从 ESG 信息的非财务性特征来说，根据这类信息所做的风险判断，往往也多是定性的，更多需要从战略层面采取防范措施，因此，这类风控决策的影响往往也是重大的，具有显著的“避坑”特征。

监管、评级等机构提出的“董事会成员多元化”“保护小股东利益”等制度导向，对大股东权力形成制衡机制，有效防范了“委托—代理问题”“激励不一致问题”等制度性风险。ESG 投资紧盯这方面的问题，从制度上降低了诸如“财务欺诈”等一些不可逆的重大投资风险。

通过倡导利益相关人参与机制，ESG 管理为投资人直接介入公司管理，调查和排除隐患，从公司战略层面开展风险控制，提供了手段和路径。这个方向是与传统模式相一致的，但在手段和方式上，则有了更深地推进。

第三，通过外部赋值与调整权重等方法论与量化工具的开发，逐步推动 ESG 风控与传统风控的数据衔接与模式融合。正如前面分析的那样，ESG 信息披露的内容，大多是非财务数据，其中的风险往往难以用概率的方法加以测度。针对这个核心困难，ESG 风险管理积极创新方法论和技术手段，持续开发有效的数据工具，在分析效度的提升方面不断取得突破。

就 ESG 数据的量化部分来看，其与传统风险数据的区别体现为一种非常微妙的差异。在某些场景下，比如运用 ESG 评分数据对 Beta 系数进行加权调整时，实际上就是在利用 ESG 数据影响风险的原始概率，区别只在于数据的性质和使用方法不一样。

实践中，各类专业评级机构开发出的数据模型、指标矩阵、大数据网络抓取技术等，有效推动了 ESG 风控数据与传统财务数据的深度融合，正在成为评估财务风险的新范式。

绿天鹅：ESG 与气候风险

何为绿天鹅?

2020 年 1 月，国际清算银行（BIS）发布专题报告《绿天鹅——气候变化时代的中央银行和金融稳定》，首次将“绿天鹅”作为一种风险概念提出来。在这里，绿天鹅指的是由极端气候变化导致的金融系统性风险。

作为一种风险类型，“绿天鹅”的提出参考了“黑天鹅”概念，但又有所不同。

第一，绿天鹅作为一种与气候相关的风险，它潜在的破坏性或者说危险性更为巨大，在一定意义上，绿天鹅风险关乎全人类的生死存亡。

第二，绿天鹅虽然是一种风险，但同时也是一个确定性的发展趋势。如果人们不采取积极有力的干预行动，地球必然会走向极端气候环境，那样的话，绿天鹅风险就一定会爆发。

第三，绿天鹅风险有不可逆性，气候变化一旦突破临界点，短期难以恢复。

第四，绿天鹅风险的传导以及相互作用的机制更加复杂。一方面，气候本身属于典型的混沌系统，对初始条件高度敏感，因果关系难以追踪，无法准确预测。另一方面，气候变化与金融环境之间会发生多层次的连锁反应，其后果更加难以预料。

第五，绿天鹅风险的系统化程度更高，影响面更广。气候是全球性事件，需要高度的国际协调，共同开发气候相关的全球公共品，才能形成有效的治理合力，达到防范风险的作用。

气候变化引发的系统性风险，可以大体分为物理风险和转型风险两类。物理风险是指，频繁且严重的气候相关极端天气事件，将导致直接经济损失或金融资产减值。比如台风、洪水、热浪等造成的直接财产损失；再比如，长期气候变化导致海平面抬升，引发相应区域的房地产贬值等。通过贷款、股票以及债券等方式进行投资组合后，这些风险的脆弱性会进一步被放大。

转型风险是指，急剧的低碳转型将引发不确定的财务影响，包括政策变化、声誉受损、技术突破或者受限制，以及市场偏好和社会规范的变化等。尤其是，短期迅速推进低碳排放将带来一个系统性后果：很大一部分已经探明的化石能源矿藏将被限制开采，从而变为“套牢资产”，一旦人们争相抛售这些“套牢资产”，就有可能触发金融危机。这将成为一个“气候明斯基时刻”。

更为困难的地方在于，物理风险与转型风险存在明显的负相关关系，我们面临的是个典型的两难困境：转型不及时，将会逐步陷入越来越严峻的物理风险，但如果转弯太急，就会立刻引爆转型风险。实际举措需在两者之间寻求平衡。

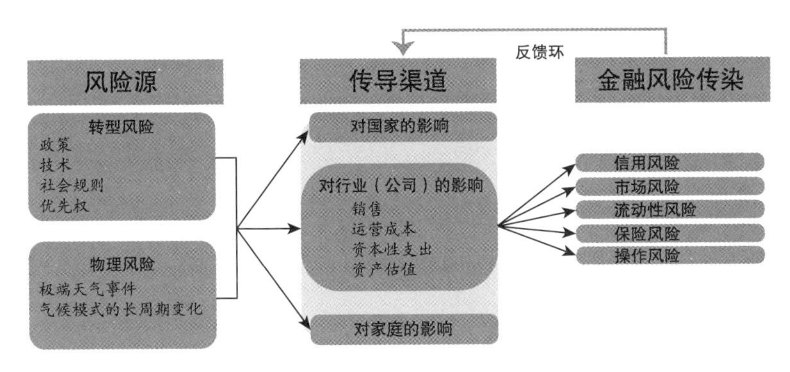

图 3-1　物理风险与转型风险和传导转化机制

（资料来源：*The green swan: Central banking and financial stability in the age of climate change*）

物理风险与转型风险可以转变为五种形式的金融风险：

第一种，信用风险：直接或间接的气候变化风险暴露，会导致借款人还款能力恶化，因此增大还款违约的可能性，而且抵押资产的潜在贬值可能性也会导致信用风险。

第二种，市场风险：在突发的转型场景下，投资人对资产盈利能力的预期下降，从而导致金融资产的价格变化。这些市场价值的损失将导致资产被减价出售，这些风险的累积将触发金融危机。

第三种，流动性风险：尽管流动性风险至少在名义上是被覆盖的，但是，流动性风险也能够以某种独立的方式影响银行或非银行机构。比如，那些资产负债表受到信用风险或市场风险冲击的银行，将难以在短期内重新募集资金，从而导致银行间借贷市场的流动性吃紧。

第四种，操作风险：这类风险看似不大，但是金融机构也会因为气候相关风险敞口而受到影响。比如，银行的职员或者数据中心受到物理风险的影响，它的操作流程就会受到干扰，进而影响与其在价值链上有交叉的其他机构。

第五种，保险风险：对于保险和再保险机构来说，物理风险将导致高于预期的保险索赔，同时，因为绿色技术进步而引发的转型风险，也将导致新型保险产品的压价竞争，从而影响到保险业的盈利水平。①

迎面飞来的绿天鹅

气候风险迫近

世界经济论坛（World Economic Forum）每年发布年度风险报告，对全球风险点进行扫描和分析。该报告以“影响程度”和“发生可能性”为标准，将全球性风险分为两个基本类型，并设定了经济、环境、地缘政治、社会和技术等五大风险要素。根据其《2020 年全球风险报告》（*The Global Risks Report 2020*），全球风险在 2020 年出现了历史性的变化。

首先，在“发生可能性”这一风险类型中，首次出现未来 10 年全球五大风险均为与气候相关的环境风险的情况。这五大风险分别为极端气候风险、应对气候变化措施失败的风险、自然灾害风险、生物多样性丧失的风险，以及人为环境灾害风险。

其次，在“影响程度”这一风险类型中，未来 10 年全球五大风险中，气候相关的环境风险占到 3 个。排名第一位的是“应对气候变化措施失败的风险”。这就导致历史上首次出现，“发生可能性”和“影响程度”两种类型的风险模式中，气候相关的环境风险都排

---

① Patrick BOLTON – Morgan DESPRES – Luiz Awazu PEREIRA DA SILVA Fr é d é ric SAMAMA – Romain SVARTZMAN：*The green swan: Central banking and financial stability in the age of climate change*，pp.19–20.

名第一的情况。

再次，“发生可能性”和“影响程度”两种类型的风险模式中排名前十的风险中，气候相关的环境风险达到 8 个，也创下历史之最。

种种迹象表明，绿天鹅不是幻想之物，它正迎面飞来。

东非蝗灾

2019 年，肯尼亚、索马里、埃塞俄比亚、南苏丹、乌干达、坦桑尼亚等国家经历了严重的干旱灾害。“大旱之后有蝗灾”，2019 年年底开始，一场世纪罕见的蝗灾从东非迅速蔓延开来。

此次施虐东非的是臭名昭著的沙漠蝗虫。沙漠蝗虫每天大约能飞行 150 千米，其平均寿命为 3—6 个月。

沙漠蝗虫不仅飞得快，而且繁殖速度也非常快。一只沙漠蝗虫每次可产卵 80—120 颗，虫卵可在 2 周左右的时间里孵化出来。沙漠蝗虫每年繁殖 2—5 代。一年半的时间里，蝗虫数量增加了 6400 万倍。

高峰时期，仅肯尼亚、索马里、埃塞俄比亚等 3 个国家就有 3600 亿只蝗虫。有近 4000 亿只蝗虫经阿拉伯半岛，飞往印度、巴基斯坦，约 400 亿只成功登陆，使这场灾害从非洲蔓延到亚洲。

此次蝗灾的密度极高，每平方千米范围内约有 1.5 亿只蝗虫，在受灾最严重的肯尼亚，仅一个蝗虫群就长达 60 千米、宽 40 千米。不到两小时，蝗虫群就能把一个地方吃得寸草不剩。

据联合国粮农组织统计，一只成虫每天大概要吃掉 2 克的食物，如果按 3600 亿只来测算，那就是 7.2 亿千克，即 72 万吨。它们每天吃掉的粮食相当于 3.5 万人的口粮。据 2020 年统计数字，蝗灾将导致 2360 万人陷入粮食危机。

联合国政府间气候变化专委会指出，温室气体排放带来的全球气候变化，是导致生物性灾害的一个重要原因。

首先，全球变暖，冬季温度升高，有利于更多的蝗虫卵存活下来，造成第二年越冬卵数量激增，成为蝗灾爆发的基础。

其次，东非国家年初的干旱和年末的水灾，直接导致了这次蝗灾泛滥。含水量 10%—20% 的土壤最适合蝗虫产卵，干旱造成河床干裂，这些地表裂缝为蝗虫产卵提供了最适合的土壤条件。

再次，大旱造成植物含水量变化，使其营养成分更集中，有助于缩短蝗虫的生长周期，加剧了蝗灾的形成。

最后，干旱导致蝗虫的天敌——鸟类，以及其他昆虫数量大幅减少，同时，一种能够降低蝗虫数量的丝状菌也因为干旱天气而受到抑制，蝗虫数量膨胀失去了大自然的生物性约束。

因此，专家预测，如果全球气温上升的趋势不能得到有效抑制，未来蝗虫灾害会越来越频繁，规模也会越来越大，这将成为人类粮食安全的一个重大威胁。

澳大利亚山火

2019 年 7 月至 2020 年 2 月，一场森林大火在澳大利亚全境蔓延。澳大利亚多地出现 40 摄氏度以上高温，最高温度甚至接近 50 摄氏度。

根据澳大利亚政府的灾后统计，过火面积约有 2400 万公顷，600 多万公顷的森林被焚毁，着火的海岸线长达 1400 多千米，3000 多栋建筑失火，至少 33 人死亡。根据世界自然基金会发布的数据，因火灾致死或失去栖息地的动物大约有 30 亿只。

2020 年 1 月开始，山火引起澳大利亚政府重视，在原有近 4000

名消防员的基础上，又增派3000多名军方后备力量投入到灭火抢险之中。除了地面的消防车、推土机、挖掘机等机械化消防作业，每天还有近100架飞机从空中喷洒灭火、阻燃物质。

专家表示，造成此次山火的重要自然条件是持续的高温天气和干旱。澳大利亚占其国土面积70%的内陆区域长期处于干旱和半干旱状态，成为容易引发火灾的起火点。

伴随全球气温上升，澳大利亚的气温和干旱程度在2019年达到历史峰值。受厄尔尼诺和印度洋偶极子两种极端气候影响，2019年以来，澳大利亚持续出现干旱和高温天气。

与1961—1990年21.8摄氏度的平均气温相比，2019年的平均温度达到23.32摄氏度，这个温度远远高于上一个历史高峰，2013年的21.99摄氏度。同时，2019年的平均降雨量陡降至277.63毫米，远远低于上一个降水量的历史最低值——1902年的314.46毫米。

遗憾的是，澳大利亚政府在应对气候变化方面一直十分消极。澳大利亚人多地广，总人口只占世界人口的0.3%，但其温室气体排放量却占全球的1.3%，是全球人均温室气体排放量最高的国家。

基于这个背景，澳大利亚的气候政策摇摆不定，一度成为美国之外唯一拒绝签署《京都议定书》的工业化国家。直到2007年，迫于多方压力，澳大利亚才最终签署该协议。而美国2020年宣布退出《巴黎协定》时，澳大利亚立刻表态要追随其步伐。在全球气候变暖的大趋势下，澳大利亚这种缺乏人类共同体意识的政策导向，也是其遭受极端气候灾害的重要原因。

欧洲多国与中国河南省特大洪水

2021年7月，一场特大洪水袭击西欧，德国、比利时、荷兰、法国、卢森堡等国受到重创，200 多人在洪水中丧生，数百人失踪，上万人被迫离开故土。

在德国科隆地区，往年 7 月平均降雨量只有 87 毫米，而 7 月 15 日当日降雨量暴涨，达到 154 毫米，几乎是平均降雨量的两倍，在阿尔韦勒地区，9 小时的降雨量冲到 207 毫米的高位。德国总理默克尔将其称为一场“德语中没有词语能够形容的”灾害。

洪水导致比利时 100 多个市镇受灾，4 万多居民家中断电，至少 31 人死亡，上千民众紧急撤离。韦斯德尔河水位瞬间暴涨，多条火车干线和公路被洪水破坏而停止运行，当地居民的生产生活受到严重干扰。

7 月 17 日，欧盟委员会主席和比利时首相视察了比利时受灾地区，启动国家应急计划和欧盟民事保护机制，在欧盟成员国范围内发起共同救助。

荷兰境内的洪水在 7 月 17 日达到 200 年来最高点，默兹河决堤，平日里安静平缓的小溪流在几小时内变为暴怒的激流，洪水在瞬间冲垮道路、桥梁和房屋，数千人收到政府要求立刻撤离的指令，人们猝不及防地逃离熟悉的家园。

同一时期，中国河南省也爆发了世纪罕见的特大暴雨。7 月 17—22 日，河南省有 39 个市（县）的降雨量超过当地常年全年降雨量的一半，10 个市（县）的降雨量超过当地常年全年降雨总量，也就是说，5 天时间这些地方降下了全年的雨。郑州、鹤壁、安阳、新乡等 19 个市（县）日降雨量突破历史最高值。受灾最严重的郑州市，一昼夜降雨 696.9 毫米，超过正常年份的全年降雨量 640 毫米。

“洪涝灾害已造成郑州、新乡等 16 个市、150 个县（市、区）、1366.43 万人受灾，有 73 人遇难。累计紧急转移安置 147.08 万人。5.5 万间房屋倒塌，农作物受灾面积 1021.4 千公顷，其中绝收 179.8

千公顷。”[①]

气候变化是导致全球范围洪水泛滥的重要原因。《纽约时报》称：“像德国发生的这种极端暴雨是温室气体排放导致气候变暖的最明显迹象之一。”

首先，气候变暖会提高地表水流的蒸发率，向大气中注入更多水分。根据气象学家的解释，气温每升高 1 摄氏度，空气的湿度就会上涨 7%，聚集的水分一旦释放出来就会形成暴雨。其次，气候变暖会弱化大气急流的强度，减缓风暴的流动性，使其在一个地方驻留的时间过长，从而导致某一个地方集中、持续的强降雨。[②]

ESG 风控驯服绿天鹅

系统性应对措施：绿天鹅报告提出了应对气候风险的 5C 原则：即助力协同对抗气候变化（Contribute to Coordination to Combat Climate Change）。根据该原则，中央银行、监管机构和管理部门以及政府、私人部门和民间团体应当协力共同应对气候风险变化。相关的应对措施分为三个层面。

第一，风险层面：气候风险识别和管理。在这个层面，中央银行、监管机构和管理部门应当将气候相关风险整合进审慎监管和金融稳定监测政策之中。私人部门应当遵循 TCFD 的指引，积极主动地开展气候相关信息披露，逐步过渡到强制性披露气候相关风险以及其他相关信息，比如对绿色资产和棕色资产的区分等。

第二，时间跨度层面：外部效应内在化。在这个层面，中央银

---

① 中新网：《河南洪涝灾害已致 1366.43 万人受灾、73 人遇难》，https://t.ynet.cn/baijia/31181274.html

② 环球网综合报道：《欧洲洪灾肆虐引发深度反思，俄媒感慨：德国秩序的神话破灭》，https://baijiahao.baidu.com/s?id=1705742156088264842&wfr=spider&for=pc

行、监管机构和管理部门应当把促进长期投资作为破除短期效应的工具。包括将 ESG 因素纳入央行自己的投资组合；在现有的可行范围内，探索在执行金融稳定政策时可持续性方法的潜在影响。对于政府、私人部门和民间团体等主体，则主要采取碳定价的方法。私人部门应当推动 ESG 实践的制度化。

第三，复原力层面：结构性地向具有包容性的低碳全球经济体系转变。在这个层面，中央银行、监管机构和管理部门应当承认深刻的不确定性的存在，需要进行结构性改革以维持长期气候和金融稳定。相关措施如下：

第一，在更低的有效边界下，开展稳健的绿色货币政策和财政政策的协同。第二，用非均衡模型和定性的方法，更好地捕捉在气候和经济社会体系之间不确定的相互作用和复杂反应。第三，推动国际货币和金融制度，探索将气候和金融稳定打造为国际公共品的路径。对于政府、私人部门和民间团体等主体来说，主要有以下措施：a. 实施绿色财政政策（通过低利率实现）。b. 重新审视将气候变化和更广泛的生态需求置于首位的政策组合（稳健的财政—货币政策）。c. 将自然资源整合进国家和企业会计体系。d. 将气候稳定整合成国际货币和金融政策支持的公共品。[①]

对于个人投资者来说，可采取的策略有四个方面。

第一，ESG 宏观审慎管理与 ESG 风险因子纳入。ESG 宏观审慎方面，要对绿天鹅概念具备清晰的认知，对物理风险的类型、基本模式和全球分布情况保持敏感性，同时要深入理解转型风险的发生、传导和爆发机制，了解绿色资产和棕色资产的基本分类。在此基础上，逐步建立自己的 ESG 风险宏观分析框架，保持对绿天鹅风险的

---

① *The green swan: central banking and financial stability in the age of climate change.*

跟踪观测，对风险集中度特别高的领域、产业和相关资产，可以采用负面清单方式，将其排除在自己的投资组合之外。

另一方面，可以借助一些量化的 ESG 管理工具，将气候风险相关的 ESG 风险因子纳入全面风险管理。在具体的投资过程中，要注意识别相关资产价格是否已经吸收了气候风险。对此，TCFD、CDP 等专业机构开发了很多实用的风险披露框架与风险识别工具，投资者可以以此为基础，结合自身投资实际，完善和具体化自己的风险管理工具。

第二，通过投资救灾、抗灾资产对冲气候风险。绿天鹅区别于黑天鹅的一个重要特征是，气候风险的爆发具有确定性，如果没有人为介入或者应对行动失败，那么相关风险就一定会变为现实的灾害。因此，当我们的投资组合不得不涉及绿天鹅风险时，一个更具体的方法就是想办法对冲风险。对此，最直接的措施莫过于投资救灾、抗灾资产。

例如，在东非蝗灾爆发之际，我国 A 股农药等板块迎来一波暴涨行情。从 2020 年 4 月 13 日上午收盘价来看，长青股份（002391.sz）、红太阳（000525.sz）涨停；安道麦 A（000553.sz）大约上涨 7%；诺普信（002215.sz）、辉丰股份（002496.sz）、中农立华（603970.sh）大约上涨 6%；海利尔（603639.sh）大约上涨 5%。①

第三，通过保险、再保险机制分散巨灾风险。

保险、再保险被称为国民经济运行的“稳定器”，在分散气候风险方面具有专业化优势。近年来，随着绿天鹅事件频繁显现，巨灾保险日益引发人们的关注。巨灾保险的承保领域主要集中在地震、洪水、干旱、雪灾、台风等极端天气引发的灾害事件方面。

---

① 中国经营报官方账号：《比疫情还可怕？东非蝗灾卷土重来！规模达上一轮 20 倍，农药板块走强》https://baijiahao.baidu.com/s?id=1663838264054631980&wfr=spider&for=pc

为提升对灾害事件的响应速度和应对能力，保险公司开发了巨灾指数保险、巨灾债券等新型保险产品。投资者在进行资产配置的时候，可以积极运用这类避险工具，有效控制投资组合的风险暴露。

例如，据权威部门估测，澳大利亚火灾导致的旅游业损失约有10亿澳元，而保险公司将会为此赔付约7亿澳元。《2020中国保险业社会责任报告》披露的数据显示，“截至2021年8月25日，河南保险业共接到理赔报案51.32万件，初步估损124.04亿元，已决赔付34.6万件，已决赔款68.85亿元；保险业为河南、山西暴雨灾后重建提供赔付超过84亿元”[①]。

第四，关注物理风险与转型风险应对失衡的风险。

正如前面分析的那样，绿天鹅风险的一个特殊复杂性在于：物理风险与转型风险二者呈负相关关系。也就是说，上述两种风险的应对举措互为制约，如果不适当地单独处理某一方面风险，在具体举措上失去平衡，也会对经济发展造成新破坏。对此，要运用一种新型风险模式加以识别和有效管理。

例如，2021年下半年，我国大力推进新能源发展过程中，忽视了传统煤电的兜底作用，导致新能源与传统煤电发展失衡，广东、江苏、云南、四川、内蒙古、吉林等多地发生电荒，一度出现临时停电、拉闸限电等特殊措施，对生产、生活造成干扰；同时也引发了资本市场新能源板块的价格波动。

应对物理风险和转型风险需要综合举措的动态平衡，这在理论上容易推导，但在实践中非常难以把握。可能的情况是，政策在试错过程中曲折前进。因此，未来很长一段时间内，应对举措失衡将成为一种常态的潜在风险。

① 《2020中国保险业社会责任报告》。

巨额罚单：ESG 与社会型风险

社会责任与社会型风险

“利益相关者理论”倡导者弗里曼将“利益相关者”定义为：“那些能够影响企业目标实现，或者能够被企业实现目标的过程影响的任何个人和群体。”利益相关者可以看作对社会责任对象集合进行的元素抽取，抽取对象包括雇员、客户、供应商、股东、债权人、环境与资源、社区以及政府、媒体、各类社团等多方位的社会主体。利益相关度是抽取的标准。

契约理论对利益相关者理论进行了深化，认为企业就是这些利益相关者通过各种显性或隐性的契约结合在一起的联合体。企业不仅在事实上与其利益相关者有利益关系，在价值层面，企业也应当基于这些利益关系而对他们负起责任。根据契约理论，企业与这些社会主体的契约关系并不总是由明文的合同固定下来的，有些时候，这些权利义务关系体现为一种隐性的契约关系，由此产生的义务就是社会责任。

企业公民理论吸收了政治学的基本概念——“公民”，它把企业拟制为类似自然人那样的社会主体，从而赋予其社会性和伦理性。也就是说，企业不仅仅是一个经济实体，而且是一种社会存在，像其他社会主体一样，企业从政治共同体中获得社会性的好处，因此也要承担相应的社会义务。这种社会义务不是由其经济目标衍生出来的附属义务，而是由其社会性直接产生的现实要求。

企业社会责任有多种理论解释，但在这里我们主要关心的是，如何在风险的意义上理解企业的社会责任。也就是说，企业社会责任，为什么以及如何转换为风险。

与绿天鹅风险相比，社会型风险具有两点不同。

首先，从根源上看，社会型风险根源于价值观和社会规范，当企业追求短期经济利益的行为与其发生矛盾冲突时，就会导致社会型风险。这与根源于物理环境的绿天鹅风险不同。

其次，与绿天鹅风险比起来，社会型风险属于单一风险。一般来说，社会型风险是由某一家或几家企业，违背社会规范或价值观而导致的损害，不像绿天鹅那样属于系统性风险。

社会型风险的发生机制可以从三个角度理解。

首先，企业社会责任背后体现了一种被普遍认可的价值观。违背这些支撑公序良俗的价值观，会对企业造成负面影响，从而降低其品牌价值、社会声誉等无形资产。利益相关者理论认为，雇员、客户、供应商、股东、债权人、环境与资源、社区以及政府、媒体、各类社团等利益相关者会形成一个舆论场，上市公司的行为即使没有违背明文规定的显性契约，无法按照合同承担违约责任，只要其行为损害到利益相关者，也会因此受到谴责，从而对其股价造成不利影响。

其次，企业失职行为涉及违法犯罪时将会面临高额罚款。即便没有触犯法律，企业违背行业规范和国际组织的规则时，也会导致被取消行业认证、准入资格等制裁，从而造成经营业务的损失。

最后，企业失责事件会降低自身信用等级，导致财务成本、人力成本以及交易成本上升，从而降低利润水平。

基于这些特征，社会型风险一旦被资本市场捕捉到，就会在极短的时间形成风暴，对资产价值造成现实冲击。

名牌汽车尾气检测作弊

2020 年 9 月，奔驰汽车制造商戴姆勒公司及其子公司美国梅赛德斯—奔驰公司，被美国司法部指控汽车尾气排放不达标，为此，该公司需向美国联邦政府和加利福尼亚州监管机构支付 15 亿美元（约合人民币 102 亿元）的巨额罚款，其中仅民事罚款部分就高达 8.75 亿美元。

根据美国司法部的指控，戴姆勒公司使用所谓的“失效装置软件”检测尾气，以此规避尾气排放监管。经该软件检测合格的尾气，实际上可能远远超过控制标准。通过这种方式，约有 25 万辆尾气排放不达标的柴油发动机小轿车和面包车被戴姆勒公司销售到美国市场，这种做法违反了相关环境法律，对涉案区域的环境保护造成了一定破坏。[①]

早在同年 5 月，韩国环境部就因相同事由对奔驰车处以“史上最高额”罚款。2012 年至 2018 年，奔驰、日产和保时捷三家外国汽车制造商在韩国共销售了 4 万辆尾气不达标的柴油车，涉及车型达 14 款之多。

根据韩国环境部门的调查，这些汽车用数据造假的方式骗过尾

---

① 《被罚 15 亿美元！奔驰母公司摊上事了，被指尾气排放造假》，https://baijiahao.baidu.com/s?id=1677893736399195715&wfr=spider&for=pc

气检测，而在实际行驶过程中，相关有害气体过滤净化装置会停止运作，其氮氧化物排放超过控制标准 13 倍以上。对上述三个品牌的涉事车企，总计罚金 795 亿韩元（约合人民币 4.6 亿元），同时取消相关排放认证，责令厂家召回问题汽车。

14 款问题汽车中，奔驰占比最高，达到 12 款之多，其氮氧化物排放量超过控制标准 13 倍以上。因此，奔驰车也是受罚最重的品牌，795 亿韩元的总罚金中，仅奔驰车一家就有 776 亿韩元（约合人民币 4.5 亿元），占比高达 97%。这些负面事件对奔驰车的市场形象造成严重影响，业界普遍认为，“比起环境，奔驰更注重销量”①。

2015 年，美国司法部、环境保护署和空气治理委员会等监管部门曾对大众品牌多款柴油汽车的排放作弊问题进行调查，从而揭开了历史上最大的汽车尾气造假丑闻。

调查涉及 2009—2015 年大众在美国市场销售的多款柴油汽车，总计 50 多万辆汽车，捷达、帕萨特、甲壳虫、奥迪 A3 和高尔夫等著名品牌均有涉及。这些车辆在尾气检测中利用“作弊软件”蒙混过关，实际的污染物排放量竟然超过标准 40 倍以上。

根据美国联邦贸易委员会（FTC）公布的最终报告，大众同意召回或者维修在美国售出的 55 万辆问题汽车，86% 的美国车主选择了退货或者终止租赁合同，这些消费者获得了总计超过 98 亿美元（约合人民币 685 亿元）的赔偿。

大众“排放门”丑闻虽然最先在美国市场爆出，但是立刻在全球市场引发连锁反应。根据 2020 年 7 月的估测数据，尾气排放数据造假给大众造成的损失已经高达 300 亿欧元（约合人民币 2466 亿

---

① 《尾气排放造假，奔驰被韩国环境部重罚》，https://new.qq.com/omn/20200512/20200512A0CDLJ00.html?pc

元），随着事件不断发酵，负面经济影响还将持续。[①]

大数据公司侵犯用户隐私权

2017年，在美国第45任总统选举过程中，数据分析公司“剑桥分析”基于特定候选人的选举利益，对选民进行行为模式、性格类型和心理特征等分析，并以此为基础施加差异化的政治影响。

“剑桥分析”数据以“OCEAN”模型为基础，从开放性（Openness）、尽责性（Conscientiousness）、外向性（Extraversion）、随和性（Agreeableness）和稳定性（Neuroticism）五个维度，对网民进行人格分析和行为预测，全面影响选举活动。

“剑桥分析”创始人亚历山大·尼克斯说：“只要给我68个在脸书上的点赞，我就可以推测出这个人的肤色、性别、政治倾向、智力水平、宗教偏好、是否饮酒、吸毒乃至父母是否离异等一切信息。”[②]

根据英国《卫报》新闻报道，“剑桥分析”利用27万同意用户的脸书链接，总共收集到5000万美国脸书用户的个人数据，这对于1.3亿人的总投票人数来说，足以起到“一锤定江山”的决定性作用[③]。

2018年3月，脸书因涉嫌侵犯用户隐私权造成股价大跌7%。一日之间，市值蒸发掉360多亿美元。根据欧盟的《一般数据保护

---

① 《大众因“排放门”造假：已向美国车主累计支付685亿元赔偿》，https://baijiahao.baidu.com/s?id=1673432695027526771&wfr=spider&for=pchttps://baijiahao.baidu.com/s?id=1673454482155722157&wfr=spider&for=pc

② 宋远骏：《数据泄露事件背后的现代政治战嬗变》，《中国信息安全》，2018年第4期。

③ https://www.theguardian.com/news/2018/mar/17/data-war-whistleblower-christopher-wylie-faceook-nix-bannon-trump，last visit date：18/03/2018

条例》，侵犯数据隐私权的企业，最高可能面临 2000 万欧元的行政处罚，企业主体还有可能面临最近一个财务年度全球营业额 4% 的巨额罚款。

2019 年 9 月以来，中国多家公司负责人因为网络爬虫自动抓取隐私信息而锒铛入狱。

典型案例是这样的：A 公司是一家快递公司的业务分包商，因为业务需要，A 公司享有登录快递公司后台服务器查询客户信息的权限。A 公司恰好有个“聪明”的程序员，他开发出一款爬虫软件。通过密码登录快递公司服务器，把爬虫下进去，很快，爬虫成功爬获 25 万条用户信息。案发后，该程序员被定为主犯，A 公司法人代表被定为从犯。根据刑法，他们分别面临 3—7 年和 1—2 年的牢狱之灾。[1]

ESG 如何应对社会型风险

社会型风险根源于企业的社会属性，是企业作为社会主体，在与系统环境相互作用中产生矛盾和冲突的一种表现形式。从发生机理上分析，具有如下四方面特征：

第一，社会型风险与企业的能力边界正相关，随着企业发展到高级阶段，社会型风险的聚集度也在不断上升。所谓“能力越大，责任越大”，随着责任能力的提升，如果企业不能正确认知来自社会的潜在期待，不能把牢公共利益与私人利益的平衡关系，不能用长远利益调控短期利益，只看到责任能力作为权力的一面，无视其义

① 《玩“爬虫”可能触犯的三宗罪》，http://baijiahao.baidu.com/s?id=1647175911624597856&wfr=spider&for=pc

务的一面，那么失责的风险就会随之迅速凸现。

第二，社会型风险主要集中于两类传统企业。一类是负外部性突出的行业，比如高污染、高能耗、高排放的能源、化工、交通、建筑、制造等行业。另外一类是品牌依赖程度和安全性要求高的行业，比如食品、药品、酒类等，以及围绕大众偶像、网红发展的所谓“饭圈”经济体等。

第三，随着数字经济深度发展，平台经济的模式越来越突出，在这类企业中，网络安全和数据隐私保护正在成为一种日益凸显的新型风险源。网络安全和数据隐私保护绝不是纯粹的技术问题，而是企业战略、治理和文化政策的直接产物，体现着企业对社会责任的认知和理解。随着区块链技术的应用，在未来的通证经济时代，所有社会主体的信用记录都将被网络永久记录，企业履行社会责任的重要性会更加凸显和放大。

第四，社会型风险具有爆发快、修复慢的特点，其背后的主要驱动机制在于社会情绪。一般来说，网络舆情发酵有一个量变到质变的过程，从风险出现到爆发的这段时期，是资金逃生的最后窗口期。涉及高社会风险资产的投资者，可以通过对门户网站、股票论坛、社交网络、大V博客等进行大数据挖掘，结合折价、换手率、成交量等指标，及时掌握离场信号，果断处置风险资产。

社会型风险成因机制复杂、风险源头广泛，不可能在事前实现全面预防，但根据利益相关者的基本分类，可以建立一般性的筛查框架，结合风险信号进行定性化的动态风险监测。

此外，从社会型风险防范角度看，投资人必须重点关注企业的合规建设。合规建设做得好，不仅能有效预防风险，而且，在一些重大行政处罚和涉诉案件中，合规性也是一种有效的风险切割工具。

表 3-2 基于利益相关者的社会型风险筛查

利益相关者	主要社会责任	常见风险模式	爆发点	风险类型
客户	产品质量、数据隐私等消费者权益保护	基于产品质量或侵权责任的经济赔偿	诉讼、舆情或监管处罚	经营风险、声誉风险、市场风险
雇员	职业保障、人文关怀	基于劳动纠纷的经济赔偿或舆论谴责、罢工事件	诉讼或舆情	操作风险、声誉风险、法律风险
供应商	通过审核等方式、确保供应商符合 ESG 规范	成为连带责任人或者供应链中断	诉讼或舆情	法律风险、财务风险、经营风险
社区	维护社区公共利益	因为干扰社区环境、秩序和福利等遭到诉讼或谴责	舆情或诉讼	法律风险、声誉风险
环境与资源	依法履行保护环境和节约资源的义务	监管处罚	环境污染或资源浪费事件暴露	法律风险、声誉风险、经营风险
股东	保护中小股东利益	陷入关联交易等事由的诉讼	诉讼	信用风险、法律风险
债权人	按期履行债务人义务	陷入债务违约、转移资产或逃避债务等事由的诉讼	诉讼	信用风险、法律风险、流动性风险
政府	遵守相关行政管理规定	违反行政管理规定被处罚	监管处罚	法律风险、声誉风险
社会团体	重视社会整体利益，倡导正面积极的价值观	违背公共利益遭到诉讼或谴责	舆情或诉讼	法律风险、声誉风险

在行政执法中，合规与否往往是决定给予行政处罚的实质性要件，即便在损害事实发生的情况下，合规性也可以作为处罚豁免的过硬事由。而在法律实践中，“合规不起诉制度”的合理性也得到越来越普遍的认可，这在我国近年来的检察和审判实践中也有所体现。比如，2015 年的一个案件中，雀巢公司数名员工涉嫌侵犯个人信息被起诉，公司从合规性角度进行自我辩护。法院查明：“雀巢公司手

册、员工行为规范等证据证实，雀巢公司禁止员工从事侵犯公民个人信息的违法犯罪行为，各上诉人违反公司管理规定，为提升个人业绩而实施的犯罪为个人行为。”[①] 据此，雀巢公司最终获无罪判决，避免了高额的经济损失和品牌声誉影响。

企业合规体系不仅是事前的风险防范工具，也是风险事件发生之后的止损工具。从 ESG 风控角度说，这是一个非常核心的风险度指标。重视合规建设的企业，与其他指标类似的同行相比，等于多了一道防火墙。

① 转引自陈瑞华:《论企业合规的基本价值》,《法学论坛》，2021 年第 6 期。

财务欺诈：ESG 与治理型风险

公司治理与治理型风险

公司治理是现代企业管理的基本命题，广义上讲，就是要从监督制衡的角度，建立一套有效的制度和程序，对股东、经营者、员工、客户、债权人、政府、环境、社区等利益主体之间的权利、义务和责任进行合理配置，确保组织既能有效率地达成既定目标，又能从内部互相监督制约和平衡，防止权力滥用造成损害。

狭义来看，公司治理的主要任务，就是在“委托—代理”问题假设下，探讨最优的结构性制度安排。经济学将市场主体假设为“逐利的理性人”，也就是说，每个主体都会依据自身利益最大化原则决定具体行为。企业的所有者和经营者，作为不同的个体，他们既有利益一致的地方，也有诉求分歧之处，这就需要一个有效的制度结构，来确保所有者与经营者目标的一致性。

股东和公司高管是法律上的委托人和代理人关系，二者存在明显的信息不对称。公司高管基于管理权限而获得信息优势地位，如果失去有效监督，他们有可能滥用这种信息优势，通过侵害股东及其他主体利益的方式满足自身利益。

公司治理结构在理论上被分为双层和单层两种模式，前者以德国为代表，后者为英美法国家广泛采用。双层结构是指，在股东大会之下，有监事会和管理委员会两个层次，股东大会将一定的人事权和监督权授予监事会。监事会以此控制管理委员会，从而实现对管理层的制衡。而在英美法系国家流行的单层结构中，只设董事会，没有监事会。监督职能依靠董事会中的独立董事来实现。可见，在单层结构中，独立董事的作用至关重要。

中国的公司治理结构同时吸收了单层结构和双层结构的特征，是一种混合结构。公司法将股东大会设置为最高权力机构，根据股东大会的授权，董事会、监事会和管理层之间形成三角博弈结构。同时，董事会中仍然设置独立董事。监事会对董事会进行外部监督，独立董事对董事会进行内部监督。

图 3–2　中国公司治理结构

理想情况下，董事会掌握决策权、管理层掌握执行权、监事会与独立董事共同掌握监督权，三者既配合又制衡、相得益彰，共同向股东大会负责。

但在实践中，公司因治理不善导致亏损甚至关门倒闭的情况屡见不鲜。常见的情况有管理层侵害所有者及利益相关者权益；大股东侵害中小股东、债权人以及其他利益相关者权益；企业侵害公共环境、资源和社区利益等。比如，在安然公司财务诈骗案例中，首席执行官一边编造虚假盈利数字，一边利用虚高的股价大量抛售自己手中的股票，从中赚取了约 1750 万美元。从投资的角度看，这是一种需要时刻提防的基本风险类型。

治理型风险与绿天鹅风险和社会型风险存在本质区别。绿天鹅风险从根源上说是一种纯粹的外部风险。社会型风险则是一种关系型风险，是企业主体与系统外部环境发生关系的过程中，因为行为失范导致的风险。与上述两类风险类型相比，治理型风险的不同之处在于：它是一种内部风险，其风险源头潜藏在公司内部。

简单说，治理型风险就是要防范公司从内部被人掏空的情况发生。这类风险不是由外部的系统性风险传导进来的，也不是公司在与其他社会主体互动过程中产生的，而是公司组成人员在内部管理操作过程中产生的。

从一定意义上说，治理型风险也不是纯粹的经营性风险。因为治理型风险不是在正常经营行为过程中，因为资金、客户、原材料、市场等经济要素的变化而形成的。治理型风险本质上来自公司自身的管理失败。其风险因子更多地反映在内部管理行为上，而不仅仅局限于经营活动的财务数据。

对于 ESG 风险管理来说，认识到治理型风险之于其他风险类型的独立性非常重要。这就从理论上提示我们，投资不能只盯着公司的财务数据看。如果意识不到治理型风险的独立存在，我们就无法防范灰犀牛式的投资灾难：一家看似非常赚钱的公司，一夜之间关门倒闭，负责人卷款而逃；一只不断蹿升的股票，瞬间跌落到地板上，变得一文不值。

安然事件

2001 年年初，美国资本市场研究者发现了一个不正常现象：安然公司（Anron）利润的主要来源并非其所谓的“营利项目”。通过投资者注入资金而不断扩大市场份额，才是安然公司实现盈利的主要模式。

换句话说，安然公司所谓“利润”的真实来源，不过是股民的钱。这引起了投资者警惕的目光，随着质疑声不断聚集，一个震惊世界的财务欺诈事件暴露在世人眼前。

2001 年 3 月 5 日，美国《财富》杂志发表文章《安然股价是否高估？》，最先对安然公司的财务黑箱问题提出质疑。随后，5 月 6 日，波士顿证券分析公司 Off Wall Street 发表研报，指出安然公司风险高企，建议投资者抛售安然股票。

2001 年 10 月 16 日，安然公司披露的二季度报告显示，公司亏损 6.18 亿美元，股东资产缩水 12 亿美元。10 月 22 日，美国证券交易委员会对安然公司及其关联公司展开调查。11 月 8 日，在司法调查的压力之下，安然不得不承认财务造假的事实——从 1997 年至 2001 年，安然共虚报盈利约 6 亿美元。

11 月 28 日，标普将安然债务评级连降六级，调低至“垃圾证券”级，安然股价应声而跌，当天重挫 85%，每股股价跌破 1 美元。两天之后，股价跌至 0.2 美元。

12 月 2 日，安然正式向法院申请破产保护。就这样，一幢 498 亿美元的金融大厦轰然倒塌，成为美国历史上最大的破产公司。

回过头来看，安然作为世界最大的能源交易商，在破产之前一直是资本市场炙手可热的超级明星。

安然手中握着美国 20% 的电力和天然气交易，业务范围覆盖 40 个国家和地区，拥有 21000 多名员工。2000 年，安然营业总收入高达 1010 亿美元，位列《财富》杂志“美国 500 强企业”第 7，股价在2000年年底达到历史巅峰，每股90多美元，总市值800多亿美元。

安然在出事之前一直是全世界的金融创新典范。1996 年，安然的销售收入总额只有 133 亿美元，净利润也才 5.84 亿美元，而到 2000 年，安然的销售总额已经增长至 1008 亿美元，净利润达到 9.79 亿美元。因为创新能力突出，安然连续 4 年荣获美国“最具创新精神”奖项。

谁也没有想到，这样一个庞大的商业帝国会在几个月之内骤然归零。随着安然公司的倒塌，600 亿美元市值在顷刻之间灰飞烟灭，一大批中小投资者因此倾家荡产，16000 多名安然员工损失了大约 20 亿美元的退休养老金。

安然高管们搞垮公司的主要方式是，利用隐蔽的金融工具和财务手段炮制虚假利润。举例来说，安然曾和券商美林公司进行虚假交易。踩着会计工作的时间节点，美林公司从安然公司手中购买了交易价格为 2800 万美元的石油，但在仅仅 6 个月之后，安然公司又按原价回购了这批石油。从这一笔虚假交易中，美林可获得货款 22% 的佣金；而在安然公司的账面上，这笔交易将为其带来价值 1000 万美元的虚假利润。实质上看，安然公司是用 616 万美元的价格，购买了 1000 万美元的虚假利润。

再比如，2001 年二季度的一笔关联交易中，安然公司将旗下 3

座发电厂卖给另外一家子公司，交易价格为 10.5 亿美元。而在真实的市场行情下，这些资产最多估值 7.5 亿美元。就这样，安然公司利用关联交易，创造出 3 亿美元的虚假利润。

虚假利润的背后，是公司的巨额经济损失。但这些损失仅仅是公司的，最终的承受者是安然的所有股东、债权人等利益相关者，而操纵这些交易的高管们，早就顺着虚假利润拉高的股价，悄悄地套现离场了。

安然事件提示了公司治理中两个常见风险点：其一，过分依赖股权激励机制，导致高管层与股东利益不一致。在美国高管的薪酬结构中，股权激励占比大于固定工资。对于高管层来说，这意味着推高股价才符合他们的最大利益。而财务造假，则是通往高股价的最快“捷径”。

根据美国社会相关统计资料，“1982 年时，高层管理人员的收入，60%是固定工资，奖金占 20%，长期激励占到 18%左右；到 2002 年，基本工资只占到 20% 多一点，60%—70%都变成了长期激励，对总裁来讲，股权报酬在 1990 年只占 5%，1999 年上升为 60%。”[①] 正是这样的薪酬安排，为安然高管们的冒险提供了制度驱动力。

其二，内控制度缺陷为高管层侵害股东利益提供了便利。首先，独立董事制度没有得到有效落实。表面上看，安然公司董事会共 17 名成员，其中 15 名为独立董事。但是，这些独立董事并非真正独立，他们大多与公司存在潜在的利益联系，无法有效发挥监督作用。

其次，外部审计公司独立性不够。负责安然公司的外部审计机构是安达信（Arthur Andersen），20 世纪，安达信与安永、毕马威等

---

① 梁能：《股权激励、财务造假与安然事件》，《董事会》，2007 年第 4 期。

并称世界五大顶尖会计事务所，具有不容置疑的专业能力。但是，在与安然公司的展业过程中，安达信逐步陷入利益的泥淖，丧失了应有的独立性。

安达信既为安然提供内部会计服务，又为这些账目提供审计证明，属于典型的自我复核。安然公司的财务总监、会计主管以及部分事业部副总经理，都是安达信会计事务所的前雇员，这对审计业务构成了熟人威胁。

同时，安达信在收取审计费用之外，还从安然收取巨额的咨询费，而且咨询业务费，要远远大于审计业务费用。仅 2001 年一年，安达信就从安然公司收取费用 4900 万美元，其中咨询费高达 3500 万美元。

美国证券交易委员会主席皮特称："安然事件使我们的披露和财务报告系统的不完善之处更加明显地暴露出来，需要我们对系统立即进行改进，不能有任何拖延，这个问题不是一夜之间才发生的，有许多方面的原因。"①

因为涉嫌为安然公司做假账，2002 年 8 月 31 日，安达信会计事务所在其官网上发出声明，自动放弃或者同意吊销公司营业执照，正式退出会计行业。

---

① 转引自：类淑志、宫玉松：《安然事件、日本股灾与公司治理趋同——美日两国公司股权结构比较分析》，《国际金融研究》，2004 年第 3 期。

ESG如何防范治理型风险

警惕股权过度集中的公司，以制衡架构预防风险

治理型风险的表现形式多种多样，但根本原因来自公司权力滥用的腐败倾向。绝对的权力导致绝对的腐败，构建相互制衡和监督的股权架构，是预防腐败的根本。实践中，根据《公司法》的规定，67%、51%和34%三个点位被称为股权“三大生死线”，对于公司权力具有决定性意义。

很明显，51%是一种压倒性多数，因此会形成对企业的控制权。但是，这只是一种相对控制权。因为《公司法》将“修改公司章程、增加或者减少注册资本、公司合并、分立、解散或者变更公司形式”等事项，作为重大决议提升了通过比例要求，必须由2/3以上的表决权一致同意才能通过。据此，67%的股权就成为一种绝对控制权，占股67%意味着能够100%地控制公司。反过来，34%的股权，则意味着绝对的否决权。持股34%以上的股东，点头未必有用，但摇头一定算数。除此以外，30%、20%、10%、5%、3%和1%的股权点位，也在不同程度上会对公司决策起到制约作用。

从投资人角度看，警惕股权过度集中的公司，是控制风险的一条原则性要求。一般来说，股权适度分散，有利于利益平衡和民主决策，是企业行稳致远的基本保障。国有股以及银行、保险、基金等金融资金的加入，有利于股权的稳定和健康发展。

实践中，大股东通常会采用设置持股实体、私下签署一致行动人协议、AB股超级投票权、章程限制条款等办法集中表决权。对这些股权变幻术，投资人须洞若观火，做到心中有数。

从暴露出来的案例看，超高比例的股权质押往往是大股东掏空

的前置操作。因此，很多机构投资者会将股权质押比例作为风控指标，一旦高于红线，就将该股票剔除资产组合之外。

考察公司价值观等非财务因素，及时察觉和识别风险

治理型风险最终必然会造成财务性损失，但其风险点广泛分布在公司治理的全过程，未必仅仅局限于财务领域。尤其要注意的是，在蓄意的舞弊行动中，由于财务领域具有更为严格的管理要求和监督措施，行为人往往会运用各种手段极力掩饰舞弊数据，使人难以发现。而相对来说，在远离财务数据的其他管理程序中，因为敏感度较低，行为人更容易放松警惕，暴露出真实面目。

比如，在企业发展战略上，能否对企业、客户、员工、环境、社区等相关主体进行很好的综合利益平衡，能否基于长期利益而限制、调节甚至放弃短期行为。在企业文化层面，是否能倡导积极正面的社会价值观，是否能在涉及自身利益与公共利益形成冲突的时候，切实担负社会责任。在日常工作中，股东、董事、监事以及高管之间，是否具备必要的信任基础，是否存在严重的争权夺利现象。企业员工的社会表现如何，有无不良记录等。

ESG 风控管理把企业当作一个有生命力的社会主体看待。企业的内部治理，是一个高频、连续、广泛的行为过程，必然会释放出大量活动信息。这些信息包括结构化的财务数据，但是更大部分属于非结构化的碎片信息。运用大数据、人工智能等手段聚集这些信息，并对其进行模式识别，就能及时捕捉到风险苗头，提前察觉和识别治理型风险。

推动内控体系建设，动态监测和管理风险

内控体系建设是企业对治理型风险的制度自觉，企业意识到，业务发展到一定规模时，日常管理的链条会被无限拉长，上面附带的风险点越来越多，必须对此采取系统性的防范措施。

一般来说，内控体系要从“内部环境、控制活动、风险评估、信息与沟通以及监督活动”等五个方面开展制度建设，使风险监测和防范措施全面覆盖到管理过程的每一个具体环节。从董事会到高管层，再到公司每一个具体岗位的员工，都要共同遵守、参与和监督内部控制活动。

内控制度关注的风险源，一般分为内部因素和外部因素两个部分，包括：人力资源因素、管理因素、自主创新因素、财务因素、安全环保因素、经济因素、法律因素、社会因素、科学技术因素以及自然环境因素等十大方面。

对治理过程中发现的常见风险点，可以采用“不相容职务分离控制、授权审批控制、会计系统控制、财产保护控制、预算控制、运营分析控制和绩效考评控制”等措施，有针对性地进行干预和管理。对于重大风险和突发事件，还应当建立必要的预警和应急处理机制。

内控制度的一个重点，是把握关键岗位人员的风险偏好，管好关键少数。在金融公司，诸如贷款审核、投资经理、基金交易员这些关键岗位，一个不慎就会给公司带来重大经济损失。历史上，交易员尼克·里森通过未授权的交易给公司造成高达14亿美元的损失，仅凭一人之力，就让巴林银行这家有200多年历史的金融机构关门歇业。

对于投资人来说，一方面要将内控体系建设当作一个风险指标，识别投资对象的 ESG 风险；另一方面，可以利用利益相关者参与制度有效介入公司管理，积极推动被投资企业的内控体系建设，从而达到降低风险的目的。

- 4 -
超级价值发现

新能源是大历史级别的 Alpha

投资组合高出市场波动的超额收益部分被称为 Alpha。Alpha 区别于系统性增长所带来的收益 Beta。Beta 收益看的是市场大行情，是投资人承担系统性风险的补偿，而获取 Alpha，则以投资策略打败市场为条件。Beta 是被动的，是靠随大流获取的平均收益，Alpha 则是主动的，独立于市场波动之外，体现了投资人的独立判断能力。Alpha 策略要求投资人独具慧眼，在万马齐奔之际提前锁定黑马。

ESG 投资逻辑的核心支柱，就包含着一种超级价值发现的 Alpha 选股策略。这里的 Alpha，指的就是当下迅速崛起的新能源。ESG 的问题基础，植根于碳排放导致的气候变化，由此得出的系统性解决方案是：大力发展零碳排放的可再生能源和清洁能源，最终实现对传统化石能源的主体性替代。

在这个时代逻辑下，能源体系新旧替换之间释放出的历史机遇，将为投资人提供一个历史性的超级 Alpha。

气候变化倒逼能源革命

根据政府间气候变化专业委员会（IPCC）第五次评估报告，大气层二氧化碳含量在 2011 年已经升至 390.5×10^{-6} 这个数值，从过去 80 万年的时间尺度上看，都是最高的。同口径数据在 1750 年只有 278×10^{-6}，从那之后的 261 年间上升了 112.5×10^{-6}，增幅超过 40%。比较来看，这样的上升速度也是惊人的。在工业化之前的 7000 年时间里，大气层的二氧化碳含量只增加了 20×10^{-6}。

2021 年 8 月，IPCC 第六次评估报告第一工作组报告《气候变化 2021：自然科学基础》正式发布。根据气象科学家们的观察，1850—1900 年以来，地表平均温度已经上升约 1 摄氏度。报告指出，就目前发展趋势来看，未来 20 年全球温升很有可能会突破 1.5 摄氏度甚至 2 摄氏度。要想达到 1.5—2 摄氏度的控温目标，必须"立即、迅速和大规模地减少温室气体排放"。

温升 1.5 摄氏度带来的热浪和干旱增加、海平面持续上升等变化，在数百甚至数千年的时间尺度上是不可逆转的。而温升 2 摄氏度，则会逼近人类生存条件的临界阈值。到那时，地球将会出现"南极冰盖崩塌""海洋环流突变""森林枯死"等灭顶之灾。

除了温度之外，气候变化还将在全球范围导致一系列连锁反应，造成各种不同性质的复合性极端气候事件，包括：

气候变化正在加剧水循环。这会带来更强的降雨和洪水，但在许多地区则意味着更严重的干旱。

气候变化正在影响降雨特征。在高纬度地区，降水可能会增加，而在亚热带的大部分地区，降水预估会减少。预估季风降水将发生变化并因地而异。

整个 21 世纪，沿海地区的海平面将持续上升，这将导致低洼地区发生更频繁和更严重的沿海洪水，并将导致海岸受到侵蚀。以前百年一遇的极端海平面事件，到 21 世纪末可能每年都会发生。

气候进一步变暖将加剧多年冻土融化、季节性积雪减少、冰川和冰盖融化，以及夏季北极海冰减少。

海洋的变化，包括变暖、更频繁的海洋热浪、海洋酸化和含氧量降低，都与人类的影响有明显的联系。这些变化既影响到海洋生态系统，又影响到依赖海洋生态系统的人们，而且至少在21世纪余下的时间里，这些变化将持续。

对于城市来说，气候变化的某些方面可能会被放大，包括高温（因为城市地区通常比其周围地区温度更高）、强降水事件造成的洪水和沿海城市的海平面上升。[①]

绿天鹅的灾难性后果是确定无疑的，应对气候变化实质上是人类在和自身命运赛跑。一场可再生能源和清洁能源替代化石能源的革命势在必行。对此，各国政府都对践行“双碳”目标的时间表做出了实质性表态。

2021年COP 26峰会期间，国际能源署（IEA）再次强调能源革命的紧迫性。IEA指出，当今世界，仍然游离于实现环境控制目标的轨道之外，因此呼吁各国发出明确信号，加大对新能源的投资，“将能源系统推进到新的轨道”。

IEA执行主任法提赫·比罗尔说：“各国政府在峰会上需要发出一个明确无误的信号，即它们致力于迅速扩大未来清洁和有弹性的技术。加快清洁能源转型的社会经济效益是巨大的，而不作为的代价是巨大的。”[②]

---

① 转引自中国气象报社：《IPCC第六次评估报告第一工作组报告发布》，http://www.cma.gov.cn/2011xwzx/2011xqxxw/2011xqxyw/202108/t20210810_582634.html

② 转引自《IEA敦促全球加大减排力度》，《中外能源》，2022年1月。

时代级投资主题——从第三次工业革命看新能源投资

人类迄今已经历了两次完整的工业革命大周期。第一次工业革命从 18 世纪中叶开始，持续到 19 世纪中期。第一次工业革命以蒸汽机的发明和应用为标志，以煤炭作为能源支柱。第二次工业革命从 19 世纪下半叶开始，持续到 20 世纪初。第二次工业革命以内燃机和电器的发明和运用为标志，以石油、液化气等作为能源支柱。

依据康德拉季耶夫长波理论的分析，每一轮工业革命都由两波技术革命浪潮所驱动。前一波技术革命浪潮，解决生产工具的实质性发展进步问题；后一波技术革命浪潮，会驱动能源体系进行适应性的变革升级。

从工业化历史周期看，康德拉季耶夫长波已经出现 5 波。前 1—4 波，造就了两次工业革命。第 5 波从 20 世纪下半叶开始，以电子计算机的发明和应用为标志。

进入 21 世纪，可再生能源和清洁能源技术的发明和应用，被视为正在发展中的第 6 波康德拉季耶夫长波。这一波的技术革命浪潮，将为未来的数字经济发展打造新的能源支撑体系，最终闭环第三次工业革命进程。

第三次工业革命在生产方面的表现，主要体现为通过“大数据”、“人工智能”、“区块链”、“云计算”和“物联网”等新型信息技术的发明和应用，驱动制造业发生数据化、网络化和智能化的效率升级。

在能源基础方面，最关键的标志性技术突破，有赖于互联网技术与新能源技术相结合，创造出“能源互联网”。“能源互联网”对于新能源发展来说，其决定性作用在于，以平等交互网络的分布式结构，解决可再生能源地理分散、规模小、生产连续性差、波动性大等发展瓶颈问题。

表 4-1 三次工业革命与六次技术革命浪潮

历次技术革命的开始年份和流行的名称	核心国家	动力部门	支柱部门	基础设施	工业革命的区间、特征和主导工业体系
第一次技术革命浪潮（1771 年）：产业革命	英国	棉花、生铁	棉纺织工业	运河、轮船、公路	第一次工业革命（1771—1875）：机械生产方式的革命、轻工业体系
第二次技术革命浪潮（1829 年）：蒸汽和铁路时代	英国（扩散到欧洲大陆和美国）	煤炭、生铁	铁路和蒸汽机	铁路、蒸汽船	
第三次技术革命浪潮（1875 年）：钢铁、电力和重化工业时代	美国和德国追赶并超越英国	钢	重型机械、重化工、电气设备	钢轨、电话	第二次工业革命（1875—1971）：大批量生产方式的革命、重化工业体系
第四次技术革命浪潮（1908 年）：石油、汽车和大批量生产的时代	美国，后扩散到欧洲	石油	汽车、石油化工、合成材料、内燃机、家用电器	高速公路、无线电、机场	
第五次技术革命浪潮（1971 年）：信息和远程时代	美国（扩散到欧洲和亚洲）	芯片	计算机、软件、远程通信、廉价微电子产品（电脑、手机等）	信息调整公路（互联网）	第三次工业革命（1971—21 世纪 70 年代）：智能与清洁生产方式的革命、信息与绿色工业体系
第六次技术革命浪潮（2030 年左右）：智能和清洁技术时代	美国、日本、欧盟、中国	可再生能源	机器人、太阳能发电、光伏建筑一体化、智能装备制造业、新能源汽车、3D 打印机	智能电网、高速铁路、智能化绿色交通运输体系和其他方面等国民经济体系的智能化	

资料来源：贾根良：《第三次工业革命：来自世界经济史的长期透视》，《学习与探索》，2014 年第 9 期

在《第三次工业革命——新经济模式如何改变世界》一书中，杰里米·里夫金对这次历史进化的终点进行了理论构想。他写道："在新时代，数以亿计的人将在自己家里、办公室里、工厂里生产出自己的绿色能源，并在'能源互联网'上与大家分享，就像现在我

们在网上发布、分享消息一样。”[①]

能源互联网掌握终端用户的用电数据，能够通过网络形成的大数据洞察，根据用电需求动态调峰、阶梯定价，从而大幅度提高用电效率。这种革新，本质上得益于互联网的分布式结构。

对此，里夫金写道：“互联网式电网已经应用到一些地区，改变了传统输电网的模式。当数以百万计的建筑实时收集可再生能源，以氢的形式储存剩余能源，并通过智能互联电网将电力与其他几百万人共享，由此产生的电力使集中式核电与火电站都相形见绌。”[②]

从新能源角度看能源互联网的建设发展，体现为能源的形式和内容类型两方面的历史替代过程。

其一，作为二次能源的电能，对煤、油、气等一次能源的替代。电能是经过人类加工之后的二次能源，存在形式上具有统一性，可以通过“特高压电网＋智能电网＋分布式可再生能源＋用电终端”构造的能源互联网络，实现即时的供需精准调配，从而打破一次能源的物理时空区隔。同时，通过用电大数据形成的洞察能力，可以大幅度提高能源使用效率，避免传统能源利用体系的低效和浪费。

其二，风能、水电、太阳能、地热能、生物质能等新能源对传统化石能源的替代。“能源互联网”的一个重要特征，在于借助互联网的分布式结构，广泛接入可再生能源和清洁能源，由此完成对煤炭、石油等传统能源的主体性替代，为经济社会发展建构新的、可持续发展的能源支柱。

摆脱了对化石能源的依赖，新能源的设施架构将逐步趋向于零

---

① 〔美〕杰里米·里夫金著：《第三次工业革命——新经济模式如何改变世界》，张体伟、孙豫宁译，中信出版社2012年版，第14页。

② 〔美〕杰里米·里夫金著：《第三次工业革命——新经济模式如何改变世界》，张体伟、孙豫宁译，中信出版社2012年版，第48页。

碳排放，进化为环境友好型能源体系。除此以外，新能源体系的可持续发展属性还有如下三方面的突出体现。

第一，从容量上看，新能源体系具有取之不尽、用之不竭的无限性特点。新能源体系的能量源头在于太阳、地表水流、潮汐、生物等，以人类历史的存在性尺度看，这些能量的源头在可预见的时间限度内，永远不会枯竭，可以视为一种永续不断的能源体系。

第二，从经济价值上看，新能源体系具有效益递增的属性。传统能源依赖煤炭、石油和天然气，能源供给能力建立在采矿业基础之上，而地球的矿藏储备有限，其供给能力达到峰值以后必然逐年下降，因此，开发成本也就越来越高，总体来看经济效益是递减的。由风能、水能、太阳能、生物质能等可再生能源以及氢能等清洁能源组构的新能源体系，本质上属于制造业范畴，虽然前期需要一定投入，但是一旦建成，就可以源源不断地提供能源输出，从资金利用的全周期看，新能源项目具有经济收益递增的特性。

第三，从社会属性上看，基于上述两个特征，新能源体系还衍生出了避免战争和地区冲突的社会功能。占据和控制能源产地，是国际地缘政治的主要驱动因素，石油危机多次导致战争和区域冲突，成为破坏世界和平的祸乱根源。一旦能源互联网实现全球部署，新的能源体系将能为全球范围提供永续服务，各国发展在能源配置上不再是零和博弈，这为人类永享世界和平创造了物质条件。

作为投资题材，新能源不是一般性的流行概念，更不是一个资本噱头。它的根深植于人类生存的必要性和历史前进的规律性之中，必定会在技术、政策、市场以及资金层面转化出连绵不绝的拉抬力量。

表 4-2 能源利用模式变革历史分期

	能源类型	开始时间	原因	生产力标志	投资模式	经济形态	主要能源形式	历史意义
第一次	植物能源（木材等）	40 万年前	火的偶然发现	钻木取火	无	原始经济	木材、秸秆	进入农耕文明
第二次	化石能源（煤炭等）	1750 年	纺织工业出现	蒸汽机	个人投资	工业经济	煤炭、热力	进入工业文明
第三次	液体能源和二次能源（石油液化气、电）	1850 年	制造业的深度发展	内燃机和电器	股票市场	信息经济	石油、电力	将工业文明推向信息化
第四次	清洁能源和可再生能源等新能源	21 世纪初	数字经济发展与能源枯竭和生态危机	计算机	ESG 投资	数字经济	能源互联网	在信息化基础上发展出比特文明

“虽有智慧，不如乘势；虽有镃基，不如待时。”ESG 是一种赢在战略上的投资理念和原则。通过 ESG 规则精准把握历史大趋势，顺时代潮流而动，方能确保实现高投资收益。

新能源投资市场

能源体系的结构转换

按照现有储量测算，全球石油开采只能持续不到50年，天然气大约会在60年后枯竭，煤炭开采还能支撑200年左右的时间。石油、天然气、煤三足鼎立的能源结构势必打破。以风、光、水、核、氢为代表的新能源体系，既能满足零碳排放的刚性约束，又能突破源头枯竭的困境，成为新旧能源体系替换的现实路径。

目前的世界能源消费结构中，石油、天然气和煤炭等化石能源占比超过80%，而可再生能源和清洁能源的占比还不到20%，发展前景广阔。在能源技术驱动之下，过去十年来，光伏发电和风力发电的成本大幅下降，据统计，2000年时光伏发电和风力发电的成本分别为500美元/（兆瓦·时）和94美元/（兆瓦·时），而到2019年，这个数字已经下降到70美元/（兆瓦·时）和55美元/（兆瓦·时），降幅高达86%和41%。[①] 2020年4月，阿布扎比的一座光伏电站招标，

---

① IEA，*World Energy Outlook 2019*, https://www.eia.gov/outlooks/ieo/pdf/ieo2019.pdf, September 24, 2019.

创造了 1.35 美分 /（千瓦・时）的最新历史纪录，这个价格折合人民币每千瓦・时上网电价只有 1 角。[①]

2019 年，世界可再生能源发电的增量结构占比已经达到 96%；2020 年，总量结构占比达到 29%。IEA 发布的《2021 年可再生能源发展报告》显示，2021 年可再生能源发展创下历史新高，从全球范围看，可再生能源发电装机容量增量约为 290 吉瓦，以风电和光伏发电为主，占比高达 91%。

未来五年，可再生能源发展会继续保持这种增长趋势，以此推测，可再生能源发电装机容量将在 2026 年超过核电与化石能源发电的总和。从报告发布之时到 2026 年这段时期，全球新增可再生能源发电的结构占比将达到 95% 左右，其中，55% 以上为光伏发电。中国、印度、美国和欧洲的新增可再生能源发电装机容量将占全球总量的 80%，成为世界排名前四位的可再生能源市场。

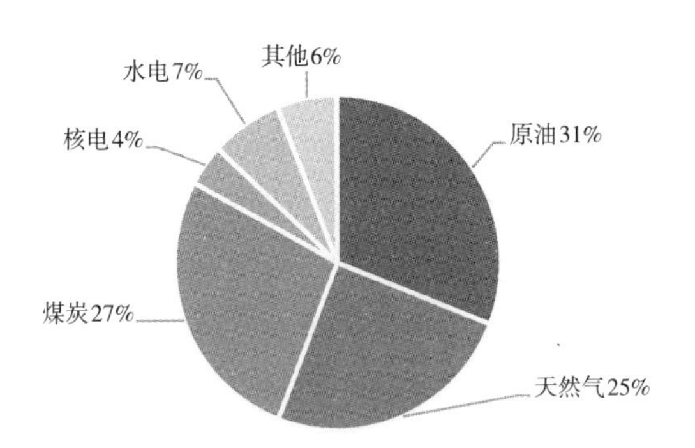

图 4-1　世界一次能源消费结构（2020 年）

数据来源：《世界能源发展报告 2021》

① 杨雷：《新能源革命的国际经验与启示》，《学术前沿》，2021 年第 14 期。

2018 年，全球可再生能源吸纳的就业人口高达 1100 万人，其中，中国 402 万人，欧洲 123 万人，巴西 112 万人，美国 85 万人。据国际可再生能源署预测，到 2050 年，全世界新能源领域的年均投资金额将达到 3.2 万亿美元以上，为全世界贡献 2% 的 GDP，总投资额将突破 95 万亿美元，为全世界提供就业岗位超过 1 亿个。[①]。

欧洲

欧洲是全世界新能源转型发展的引领者。2019 年 12 月，欧盟委员会发布《欧洲绿色协议》（EGD），提出欧洲国家作为整体，要在 2050 年率先完成碳中和，成为世界首个碳中和大陆。欧盟国家 75% 的碳排放来自能源领域，为此，欧盟提出将“经济增长与资源使用脱钩”作为三大政策目标之一。

2021 年 6 月，欧洲理事会通过《欧洲气候法》，将 2050 年实现“碳中和”目标写入法律，为新能源投资奠定了坚实的法律基础。同年 7 月，欧盟委员会通过了“达成《欧洲绿色协议》一揽子计划”（Delivering European Green Deal），提出到 2030 年的温室气体排放量，以 1990 年为参考，至少下降 55%，即“Fit for 55”计划。根据“Fit for 55”计划提出的目标，在欧洲能源结构中，可再生能源占比将在 2030 年之前提升到 40% 以上。

欧盟将“加速全球能源转型、促进可再生能源并阻止对第三国基于化石燃料基础设施项目的进一步投资”[②] 作为能源外交的首要目

① IRNEA. *Renewable energy and jobs annual review2020*［R］.AbuDhabi：*International Renewable Energy Agency*，2020.

② European Council, “Council Conclusions: Climate and Energy Diplomacy – Delivering on the External Dimension of the European Green Deal” , January, 2021, https://www.consilium.europa.eu/media/48057/st05263-en21.pdf

标，并通过一系列金融手段促进社会投资，大力推进其政策目标。

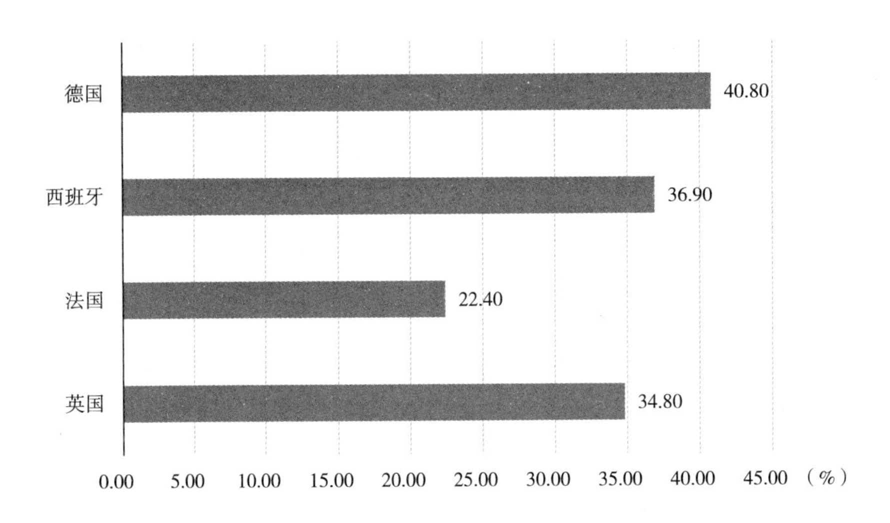

图 4-2 欧洲主要国家电力消费中可再生能源占比情况（2019 年）

数据来源：《世界能源发展报告 2021》

2019 年，欧洲投资银行（EIB）和欧盟成员国与英国，为发展中国家提供气候融资 232 亿欧元，年度增长率高达 6.9%。2021—2027 年，欧盟还将通过发展与国际合作工具（NDICI）等机制，提供 794.62 亿欧元的发展合作基金，用以支持联合国可持续发展目标以及《巴黎协定》承诺的气候目标与行动。

中国

“十三五”期间，中国电源结构持续向新能源方向优化，火电、水电、核电、并网风电和并网太阳能发电的结构比例在 2016 年为 64∶20∶2∶9∶5；而到 2020 年，这一结构已经变为 57∶17∶2∶13∶12。火电下降 7 个百分点，并网风电和并网太阳能发电分别提升 4 个和

7个百分点，可再生能源增速明显。

2020年，中国非化石能源占一次能源消费总量的比重已达到15.9%，到“十四五”末，这一比例将提升至20%；可再生能源发电量将达到2.2万亿千瓦·时，在全社会用电量中的占比为29.5%。

中国主要可再生能源装机容量均稳居世界之首，根据2019年年底的统计数据，水电为3.56亿千瓦、风电为2.1亿千瓦、光伏发电为2.04亿千瓦、生物质发电为2369万千瓦，已经成为世界新能源发展的主导力量。

但是，因为中国整体经济体量大，结构转型的任务仍然很重。在整个能源结构中，原煤占比为68.8%，原油占比为6.9%，天然气占比为5.9%，水电、核电、风电等可再生能源合计占比18.4%。

在“双碳”发展目标之下，新能源发展仍然具有巨大发展空间。预计到“十四五”末，可再生能源发电的装机总量占比能够超过50%；可再生能源发电增量在全社会用电量中占比将达到60%以上，可再生能源消费在一次能源消费增量中占比也将超过50%。

2021年，中国新增可再生能源发电装机容量为全球之最，根据IEA预测，到2026年，中国的风电和光伏发电装机容量将达到1200吉瓦。这个目标是中国在2030年实现碳达峰的核心保障。IEA发布的《中国能源体系碳中和路线图》认为，“中国在2030年前实现二氧化碳排放达峰，有赖于三个关键领域的进展：提高能效、发展可再生能源和减少煤炭使用。在承诺目标情景（APS）中，到2030年中国的一次能源需求增长速度将远远低于整体经济的增长速度。这主要是能效提高和产业转型脱离重工业的结果。能源体系的转型可使空气质量迅速改善。到2045年左右，太阳能将成为最主要的一次能源来源。到2060年，煤炭需求将下降80%以上，石油需求下降约60%，天然气需求下降45%以上。到2060年，近1/5的电力将被用来制氢。”[①]

据央行预测，中国要实现碳中和大约需要 130 万亿元人民币的投入；除直接投资外，其他投资总和可能高达 300 万亿—500 万亿元人民币。

美国

美国从 20 世纪 70 年代开始布局新能源产业，虽然中间经历波折，但是拜登政府重拾气候政策，美国新能源正在迎头赶上。根据 2019 年年底的数据，美国发电总装机容量为 12.43 亿千瓦，其中，风电装机容量为 1.05 亿千瓦，光伏装机容量为 0.75 亿千瓦。

2021 年，拜登政府重返《巴黎协定》之后，积极推进新能源产业发展，制定了 2 万亿美元的绿色发展计划，提出美国要在 2035 年实现无碳发电，即将清洁能源发电占比提升至 100%。拜登政府承诺，未来 4 年，将在新能源基础设施建设上投资 2 万亿美元；未来 5 年，将实现光伏电池板安装数量翻番，并逐步淘汰燃油汽车，联邦政府增加 4000 亿美元采购计划，用于汽车电池等新能源汽车零部件采购。针对电力企业，美国还提出了 1500 亿美元的“清洁电力绩效计划”（Clean Electricity Performance Program，CEPP），CEPP 为电力单位设定清洁能源发电占比目标，根据目标完成情况实施奖惩。

2021 年 12 月，战略环境影响评价（SEIA）提出光伏发电的“30×30”愿景。也就是说，到 2030 年，美国光伏发电占国内发电量比重要达到 30% 的水平。为达到“30×30”目标，2021 年到 2030 年期间，年均新增装机复合增速须达到 17%。

① https://www.iea.org/reports/an-energy-sector-roadmap-to-carbon-neutrality-in-china/executive-summary?language=zh

主要可再生能源介绍

风电

地表局部受热空气膨胀上升，周围的冷空气横向流动过来填充，由此形成的气流就是风。风作为一种可再生能源来发电，具有无污染、可再生的突出优点。风力发电的原理是，先将风能转化为风轮转动机械能，再由机械能转化为电能。常见的风力发电机由 3 个巨大的扇页组成风轮，风轮在风力作用下快速旋转，推动发电机做功，将机械能转化为电能。风力发电具有零碳排放与可再生的突出优点，但是也存在三个方面的问题。

首先，风机存在噪声污染，所以要建在远离居民区的城市边缘地带。其次，风机高速旋转会对鸟类等生物构成致命威胁。据报道，美国每年死于风力发电机这个“空中绞肉机”的飞鸟不下 30 万只，这对风力发电厂周围的鸟类造成严重的生存危机。再次，也是最大的问题，风力发电会在一定程度上改变大气循环，发展到一定程度会对气候产生直接影响，同时风力发电机部署要控制一定的密度，因此对土地资源耗费较大。就此来说，风电发展必然存在总量约束，并非可以无限发展。

丹麦的风电发展起步最早，相关技术处于世界领先水平，其风力发电在全国电力结构中占比高达 50% 左右。

中国风力资源丰富，据测算，70 米高度风能的理论蕴藏量约为 6.37×10^{10} 千瓦，目前已经开发的风能资源尚不到蕴藏量的 5%。仅在我国中东南部区域，风能资源储量就接近 10 亿千瓦。中国大力发展风电，建在甘肃酒泉的风力发电基地是全世界规模最大的风力发电站。

中国东南沿海区域省市用电量大，而且沿海水深 50 米以内的海域面积辽阔，非常适合发展海上风电。根据国家能源局的统计数据，中国 2021 年海上风电新增装机容量接近 1700 万千瓦。截至 2021 年年末，全球海上风电装机容量大约为 5400 万千瓦，其中大约 2600 万千瓦都在中国，占到半数以上。中国已经取代英国成为全球最大的海上风电市场。

太阳能

太阳是由氢、氦等元素组成的气态球体，其体积是地球的 130 万倍，质量约为地球的 33 万倍。太阳内部持续发生氢核聚变，每秒能够释放 3.8×10^{23} 千瓦的能量，这些能量的二十二亿分之一能够投射到地球，经过大气层的过滤，其中大约有 70% 的能量最终到达地球表面。理论上说，每年由太阳辐射带到地球的能量大约有 102000 太瓦，相当于 1300 万吨标准煤的能量，约为全球能耗的 1 万多倍。太阳的理论寿命尚有 100 亿年，对于人类来说，这是个取之不竭的永续能源。

在太阳能的开发利用方面，目前已有太阳能热利用、太阳能热发电、太阳能光化学利用、太阳能光生物利用以及光伏发电等多种利用方式。其中，光伏发电技术相对成熟，目前的光电转化效率已经提升至 20% 左右，因此成为太阳能开发利用的主要模式。

全世界比较来看，日照时间和辐射强度最高的地区有北非、中东、美国西南部及墨西哥、南欧、澳大利亚、南非、南美洲东西海岸以及中国西部等国家和区域。

中国陆地每年接收到的太阳辐射总量大概在 1.9×10^{16} 千瓦・时，大部分国土面积全年日照时间超过 2200 小时，各地平均辐射强度超过 5000 兆焦 / 平方米。

中国大约有 261 万平方千米的荒漠化土地，按照现有技术的光电转化效率，只需拿出其中不到 5% 的面积建设光伏发电站，即可满足国家全年的用电量。

截至 2021 年年底，中国光伏发电并网装机容量达到 3.06 亿千瓦，连续 7 年稳居全球首位。据测算，目前我国光伏发电在全社会发电量中占比仅为 11.5%，尚有很大发展空间。2021 年，中国光伏发电中分布式光伏已经占到 1/3 的比例，呈现出分布式与集中式发电并举的特征。光伏发电将成为我国实施“双碳战略”和“乡村振兴战略”的重要力量。

《中共中央 国务院关于完整准确全面贯彻新发展理念做好碳达峰碳中和工作的意见》提出，到 2030 年，我国“风电、太阳能发电总装机容量达到 12 亿千瓦以上”。

水电

水电是全球公认的清洁可再生能源，世界绝大多数国家都将水电置于能源战略的优先发展位置。水电技术成熟可靠，一直是位居火电之外的第二电力来源。全世界来看，水电开发利用率较高的有挪威、瑞士、法国、德国、日本、美国等，其中挪威的水电占比高达 99.5%，为全球之最。中国幅员辽阔，水量丰沛，依托青藏高原的地理优势，拥有全球最多的水电储藏量，根据 2020 年的数据，技术可开发量余额尚有 3.5 亿千瓦，理论水能蕴藏量则高达年平均 6.08 万亿千瓦 · 时。全球理论水能蕴藏量第二名是巴西，约为年平均 3.02 万亿千瓦 · 时。全球理论水能蕴藏量前十名的国家分别是中国、巴西、俄罗斯、印度、印度尼西亚、秘鲁、刚果民主共和国、哥伦比亚、加拿大、厄瓜多尔，理论蕴藏量加总为年平均 23.02 万亿千瓦·时，占全球水能理论蕴藏量的 52.8%。

经过 20 年发展，中国水电装机容量先后跨越了 100 吉瓦、200 吉瓦和 300 吉瓦台阶，已经建成世界规模第一的水力发电体系。从 2019 年统计数据来看，中国水力发电总装机容量为 356 吉瓦，这个数字超第二名巴西、第三名美国、第四名加拿大和第五名印度四个国家水电装机容量的总和，稳居世界第一。

水电具有启闭反应迅速、可调节性强等特点，不仅电量充沛，而且可以作为大量级的储能手段，是平抑风电和光伏发电自然波动性的最佳选项。2019 年，全球储能总容量为 184.6 吉瓦，其中抽水蓄能容量为 170.9 吉瓦，占比高达 92.6%；我国储能总容量为 32.4 吉瓦，其中抽水蓄能容量为 30.3 吉瓦，占比为 93.5%。

中国煤电资源约有 69% 集中在山西、陕西、内蒙古西部的“三西”地区以及云南、贵州二省；约有 80% 的陆地风能资源，集中在东北、西北和华北的“三北”区域；太阳能的 85%，集中在西部和北部地区；水电资源的 70% 集中在四川、重庆、云南、贵州、广西、西藏等西南地区。电力消费则集中在“京津冀”、“长三角”和“珠三角”地区。中国可再生能源的这种资源禀赋显示，水电与风、光发电存在明显的逆向分布特点，必将在中国“双碳”战略中承担重要的储能调峰任务。[①]

核电

核电能量密度高，一千克原材料经过裂变产生的能量，相当于

① 程春田：《碳中和下的水电角色重塑及其关键问题》，《电力系统自动化》，2021 年第 16 期。

2500 吨标准煤，而且发电能力非常稳定。基于三代核电技术的“华龙一号”核电站，可在 18 个月的一个换料周期内保持满负荷发电，同时，核电正常运行的污染物排放极小，相当于零碳排放。

据国际原子能机构（IAEA）《2021 年国际核电状况与前景报告》统计，过去 50 年间，全球核电站实现的二氧化碳减排量在 18 吉吨至 70 吉吨之间。截至 2020 年年底，全球正在运营的核动力堆共有 442 座，分布于 32 个国家，全球核电总容量达到 392.6 吉瓦（电）。2020 年全年，全球核电站总发电量为 2553.2 太瓦·时，约占全球总发电量的 10%，占全世界低碳发电量的近 1/3。

2021 年 3 月，联合国欧洲经济委员会发布报告[①]指出：“核能是实现‘可持续发展目标’的一个‘不可或缺的工具’，在提供负担得起的能源、缓解气候变化、消除贫困、实现零饥饿、创造经济增长以及提供工业创新和清洁水方面发挥着重要作用。”

核电的唯一问题是安全性。切尔诺贝利事故（1986 年）和福岛核电站事故（2011 年）之后，一些国家选择了弃核发展道路。2011 年，德国宣布将于 2022 年之前关闭所有核电站。2018 年，日本宣布在 2030 年之前彻底放弃核电。此外，瑞士、意大利和韩国也先后宣布停止新建核电站，逐步过渡到零核电。

俄罗斯认为绿色低碳转型过程中，核能具有不可替代的重要性，已在 2021 年将核能列入绿色项目名单。俄相关专家提出“绿色矩阵”概念，在这个“绿色矩阵”中，风电和光伏发电负责系统的峰值发电部分，而水电和核电则处于基础地位，为新的电力体系提供基本发电功能。

---

① 《联合国资源分类框架和联合国资源管理系统的应用：利用核燃料资源促进可持续发展—进入途径》。

中国政府大力发展核能，相关核电技术已经处于世界领先水平。2020 年，“华龙一号”核电全球首堆并网发电。“华龙一号”采用三代核电技术，在关键设备、技术与材料等研发方面取得突破，中国拥有完全的自主知识产权，设备综合国产化率高达 88% 以上，这标志着中国核电技术已经迈入世界领先水平。2021 年年底，“华能石岛湾高温气冷堆核电站示范工程”1 号反应堆完成初步试验，首次发出第一度电，标志着中国在第四代核电技术方面已经处于全球领跑地位。

面向未来，核电极有可能成为新能源体系的压舱石。根据 2020 年统计数据，中国核电在全国发电体系中占比较低，装机容量占比仅为 4.7%，相比于法国的 70% 和美国的 40%，仍有非常大的发展空间。

氢能

氢燃烧可以释放高能热量，同时不产生二氧化碳排放，因此被能源界视为优质的二次能源，在替代化石能源方面，其潜力堪比电力。氢的来源十分广泛，包括水在内的大量自然环境中的化合物都富含氢。但是，对氢的化学提取需要复杂的工艺，在目前技术条件下，其经济性是应用推广的核心问题。实践中，一般采用化石燃料制氢、工业副产氢制氢和电解水制氢三种方式。从中国氢产业目前情况来看，化石燃料制氢占比大约为 80%，工业副产氢制氢占比大约为 20%，电解水制氢占比不到 1%。

化石燃料制氢技术成熟，而且成本已经降至 7—12 元 / 千克，具备商业化条件，可以大规模推广。中国目前主要采用煤制氢。但是，化石燃料制氢存在突出的二氧化碳排放问题，因此不代表未来发展方向。

工业副产氢制氢就是收集工业排放中的含氢物质，从中提炼氢气。这种方式虽然工艺复杂，但是技术相对成熟，成本也不高，为10—20元/千克，最关键一点在于，这种方式将环境污染治理与氢能源生产相结合，属于典型的环境友好型模式，因而最有希望成为未来氢能源集中式生产的主流模式。

电解水制氢简单说就是直接从水中提取氢气，这种工艺的优势和劣势都非常突出。优势在于，电解水制氢过程本身不产生任何二氧化碳排放；劣势在于成本过高，难以商业化。在目前技术条件下，生产1千克氢气，大概要消耗55—60千瓦·时的电能，成本超过30元。从新能源产业链整体看，电解水制氢未来发展，需和风、光、水、核等其他新能源项目相匹配，作为储能手段帮助调节新能源体系的波动性。

除了清洁能源固有的零碳排放优势之外，氢能还有两方面的突出特点。其一，氢能可以作为风能、太阳能以及水能等其他可再生能源的储能手段。风能、太阳能和水能都是借助大自然的禀赋，因势利导而获得的能源，从能量消费端来看，其供能的连续性和均质性受到自然条件限制，因此以储能的方式平复其波动性就成为此类能源系统设计的关键点。

而这方面正是氢能大显身手之处，将可再生能源电力系统低负荷期的电能转化成氢能储存起来，可以有效解决实践中的“弃风”“弃光”“弃水”等问题。比起抽水蓄能，制氢储能不受水库容量的限制，可以大规模运作，理论上可以满足任何量级的调峰需求。氢能的这个功能还可以延伸到未来的能源互联网建设中。当前的能源网络主要由电网、油网、气网以及热网组成，各系统独立运行，无法互联互通。氢能可以作为这几个网络之间相互转化的理想媒介，在高层次上实现能源组网的协同优化。

其二，氢能可作为一种基础性的二次能源，与电能形成互补。电能一个固有缺陷在于受时空限制，电能的通达要以电网为依托，电网无法触及的地方只能依靠电池，而目前技术条件下电池容量有限，难以满足一些大规模的用能场景，比如飞机、邮轮、长距离重型运输卡车以及特殊环境下（比如战争、救援等）的重型机械等。这方面正是氢能的特长所在，氢的能量密度是汽油的3倍以上，可以气态、液态和固态等不同方式携带，在无电能的特殊场景下使用。未来，氢能和电能相互补充，可以满足绝大部分的用能场景，能源消费端即可被二次能源完全覆盖，脱碳任务完全转移到能源生产端，大大提升可控性。

氢能最有争议的问题是其安全性，氢气在空气中的燃烧浓度为4%—74%，而在18.3%—59.0%的浓度范围内，则有可能发生爆炸。但是专家指出，从数据比对来看，氢能并不比汽油、天然气等常规能源更容易发生爆炸。而且，即便是发生爆炸，氢气爆炸也不会像汽油、天然气爆炸那样造成严重的化学污染。通过强化安全管理规范，严格操作要求，完全可以实现氢能的安全利用。[①]

世界范围来看，美国和日本是较早开发氢能源的国家。从2004年开始，美国能源部先后发布《氢能技术研究、开发与示范行动计划》《2005年能源政策法》《先进能源倡议》《氢立场计划》等政策推动氢能源发展。2013年，美国提出“H2 USA”计划，2015年，又提出H2@Scale，即大规模融合氢能概念，致力于将氢能广泛融入能源系统。

日本地处海岛，不仅化石能源匮乏，而且风、光、水等可再生

① 钟财富：《氢能产业：有序发展路径和机制》，中国经济出版社2021年版。

资源也极其有限，重点发展氢能源成为其现实选择。在福岛核电事故之后，氢能作为日本能源战略重点的地位更加凸显。日本提出建设“氢能社会”的发展目标，先后制定《2050 年能源与环境创新战略计划》《氢能及燃料电池技术路线图》《NEDO 氢能源白皮书》《氢能基本战略》等政策，全力推动氢能发展。

日本在发展氢燃料电池车方面成就尤其显著。从 2014 年开始，丰田、本田等汽车企业先后推出 Mirai、Clarity 等氢燃料电池汽车。其中，丰田公司于 2020 年 12 月推出的 Mirai 二代，输出功率为 128 千瓦，电池体积功率密度为 4.4 千瓦 / 升，续航能力高达 850 千米。

欧盟委员会于 2020 年 7 月提出《欧盟氢战略》，文件指出氢能源是实现碳中和目标的必要条件，并提出到 2050 年氢能源要实现百分之百的“绿色氢”，在这个目标下，25% 的可再生能源都要用于制氢。

中国氢能源发展起步较晚。2019 年的政府工作报告，首次提出“推动充电、加氢等设施建设”，2020 年，国家颁布《能源法》，将氢列为能源的范畴，确认了氢能在能源发展格局中的法律地位。同年，在《关于开展燃料电池汽车示范应用的通知》中，政府提出促进氢能与燃料电池发展的财政补贴政策。

据国家能源局统计，截至 2020 年 7 月，我国燃料电池汽车总量超过 7200 辆，建成加氢站约 80 座。但是仍然存在“核心技术和关键零部件缺失”“企业创新能力不强”“加氢设施建设难”等突出问题。

产业链与技术分析

新能源车

新能源汽车是采用新原理、新技术和新结构，以非常规能源驱动的新型汽车，一般来说，新能源汽车包括纯电动汽车、混合动力汽车、燃料电池汽车以及其他新能源汽车等四个类型。在能源绿色转型和数字经济融合发展大背景下，汽车行业呈现出“电动化、网联化、智能化”的鲜明趋势，新能源汽车正在成为能源、交通、信息通信等领域先进技术融合发展的纽结点。

在新能源、新材料和互联网、大数据、人工智能等前沿技术驱动下，传统汽车正在“从单纯交通工具向移动智能终端、储能单元和数字空间转变”，这个革命性的变化，对于全球能源转型和绿色发展具有举足轻重的意义。

根据 CleanTechnica 网站公布的数据，2021 年全球新能源车销量将近 650 万辆，与 2020 年相比增长了 108%。其中，销量排名前 20 的品牌共销售 476.34 万辆，占总销售额的 73.3%。在销售量 TOP20 榜单中，中国品牌数量居首，有 8 家之多，分别是比亚迪、上汽集团、上汽乘用车、长城欧拉、广汽埃安、奇瑞集团、小鹏汽车以及长安汽车。

我国于 2020 年 10 月发布《新能源汽车产业发展规划（2021—2035 年）》，将发展新能源汽车视为“应对气候变化、推动绿色发展的战略举措”，提出“到 2025 年，我国纯电动乘用车新车平均电耗降至 12.0 千瓦 · 时 / 百公里，新能源汽车新车销售量达到汽车新车销售总量的 20% 左右”的目标。

依托经济体量和人口优势，中国新能源汽车的生产和销售连续

7年保持全球第一。2021年，中国累计销售新能源汽车352.1万辆，销量同比上升1.6倍，市场占有率达到13.4%。其中，纯电动汽车销售291.6万辆，同比增长1.6倍；插电式混合动力汽车销售60.3万辆，同比增长1.4倍；燃料电池汽车产销共计0.2万辆，同比处于增长趋势。据预测，2022年，我国新能源汽车销售有望达到500万辆，市场占有率超过18%。

根据公安部数据，截至2021年9月，中国新能源汽车保有量为678万辆，占总额2.97亿辆的2.28%。根据工信部数据，截至2021年年底，中国建成充电站累计7.5万座，充电桩261.7万个，换电站1298个，全国31个省区市设有动力电池回收服务网点，总量超过1万个。

储能技术开发与应用

储能即存储能量，作为一项产业技术，储能是指通过专门的介质或者设备，将收集到的能量以某种特定形式存储起来，以在特定需求场景下，按照系统设计的能量形式输送给用户。

以存储对象的能量形式和技术原理为标准，可将目前的主流储能技术分为三大类型，分别是：（1）物理储能，包括抽水储能、飞轮储能、压缩空气储能、超导磁储能和超级电容器储能等；（2）电化学储能，包括锂离子电池储能、铅酸电池储能、钠硫电池储能、液流电池储能等；（3）储热和储氢，包括显热储热、相变储热、热化学储热以及气态储氢、液态储氢和固态储氢等。[①]

储能技术应用广泛，在发电端、输配端、生产生活用户端、分布式发电、可再生能源并网以及局部微网等方面均有众多应用场景。

① 华志刚主编：《储能关键技术及商业运营模式》，中国电力出版社2021年版。

储能技术是支撑能源互联网建设的重要支柱之一，目前，“新能源+储能”已经成为新能源产业发展的基本模式。

风电、光伏发电等可再生能源发电具有“看天吃饭”的属性，由此造成的波动性、间歇性和随机性问题，需要通过储能系统建设加以克服。储能调节功能的基本原理是“源—网—荷—储”的四方联动、协调运作。

依托现代天气预测技术支持，将气候环境数据与新能源场景数据、历史监测数据相匹配，可以刻画出能源端的供电曲线；在负荷端，通过用户结构、工厂生产周期、市民日常生活规律、节假日、特殊事件等数据采集和大数据分析，可以预先绘制用电需求曲线。两条曲线比对，差异部分通过网储协调，进行“削峰填谷”，既能满足新能源消纳问题，又能有效平滑电网系统的输电能力。

根据IEA预测，到2050年，中国、美国、欧洲和印度的并网电力储能需求增量约为310吉瓦，拉动投资需求超过3800亿美元。麦肯锡将储能技术视为一项颠覆性技术，预测其市场价值约为0.1万亿—0.6万亿美元。目前，中国、欧洲、美国、以色列、南非、爱尔兰、乌克兰、日本、韩国等国家和地区都将“储能+新能源”项目作为重点发展的新能源项目给予政策支持。

2020年12月发布的《新时代的中国能源发展》白皮书，把“加强能源储运调峰体系建设”作为一项能源战略提出来。2021年，我国储能产业迎来高速增长期。据中关村储能技术联盟统计，仅2021年上半年，我国就新增储能容量11.8吉瓦，是2020年同期的9倍。

2021年7月，国家发展改革委、国家能源局出台《关于加快推动新型储能发展的指导意见》文件，提出“到2025年，实现新型储能从商业化初期向规模化发展转变。……装机规模达到3000万千瓦以上”。据市场研究部门预测，在强有力的政策支持之下，到2025

年，我国储能产业的市场规模有望达到4500亿元人民币，2020至2025年5年期间累计产值有可能达到1.6万亿元。1个万亿级的蓝海正在呈现。[①]

CCUS 技术开发与应用

二氧化碳捕集、利用与封存（Carbon Capture，Utilization and Storage）技术是指，将二氧化碳从能源开发利用、工业生产过程以及环境中分离出来，进行物理封存或者工业利用的技术，CCUS是碳中和目标下应对全球气候变化的关键技术之一。

CCUS经由CCS技术发展而来。在CCS阶段，技术发展的整体思路是单纯的环境保护，主要考虑如何有效清除环境中的二氧化碳，技术本身基本没有直接的经济效益，因为成本巨大，难以进行市场化推广。CCUS技术吸纳了二氧化碳资源化的理念，将经济收益与减碳目标相结合，展现出巨大的市场潜力。

二氧化碳有地质利用、化学利用和生物利用多种用途。其中，相对成熟的用途是地质利用，通过将二氧化碳注入地下，可以提高石油、天然气、地热、铀矿等资源的采收率，是能源企业普遍采用的一种方式。

CCUS技术目前主要用于存量资产的碳排放控制。

IEA相关报告指出，基于2050年净零排放目标的一个关键性问题在于，如何有效解决尚有较长使用寿命的存量发电和重工业资产与设备的排放效应问题，即前文所述转型风险中的所谓“套牢资产”问题。

---

① 能源界网:《万亿级蓝海，中国储能市场蓄势待发》，http://www.nengyuanjie.net/article/52274.html

据统计，2020 年，尚在运行的燃煤发电厂的体量为 21000 亿瓦左右，约占当年世界发电量的 1/3。与此同时，还有 1400 亿瓦的燃煤电厂正在建设之中，超过 4000 亿瓦的燃煤电厂处于不同规划阶段。在亚洲新兴经济体中，最近 20 年投产的煤电装机量约占总量的 80%。基于全球存量资产的严峻现实，要想在 2050 年实现碳中和目标，理论上说，新技术的运用须承担一半的碳减排量，这些技术在当下正处于应用示范或者原型研究阶段，其中，CCUS 技术的规模化应用将具有里程碑意义。

按照国际可再生能源署（IRENA）的预测，在实现净零排放目标下，从能源转型场景到深度脱碳场景过程中，CCUS 的减碳贡献量大概在 35 亿吨 / 年，占比约为 37%。

目前，全世界共有 26 个正在运营的大型 CCUS 项目，每年实现二氧化碳减排约为 4000 万吨。中国 CCUS 技术发展目前整体上处于工业示范阶段，在运营或建设中的 CCUS 示范项目有 40 个，主要集中在火电、钢铁、水泥、石化和化工等产业，碳捕集能力为 300 万吨 / 年。

据《中国二氧化碳捕集利用与封存年度技术报告 2021》预测，中国全流程 CCUS（250 千米）技术成本正在持续下降，到 2030 年将会下降到 310—770 元 / 吨二氧化碳，而到 2060 年，将进一步降至 140—410 元 / 吨二氧化碳。

中石化开发的首个百万吨级 CCUS 项目——齐鲁石化—胜利油田 CCUS 项目于 2022 年 1 月交付使用，按照设计规模，该项目每年可贡献 100 万吨二氧化碳减排量。

支撑能源互联网的其他关键性技术

特高压技术指的是交流 1000 千伏、直流正负 800 千伏以上的电力输送技术。特高压具有“远距离、大规模”的输电能力，因此也被称为“电力高速公路”，是实现能源革命的核心技术之一。特高压技术为中国独创，也是目前世界上最先进的输电技术。

电力芯片是智能电网的大脑，是能源互联网建设的关键核心技术。2021 年 2 月，中国首款全面国产化的电力芯片“伏羲”实现量产。“伏羲”由南方电网公司针对国产指令架构、国产内核硬件研发而成，实现了中国电力控制芯片从“进口通用”到“自主专用”的转型，对中国智能电网自主发展以及电力控制信息安全具有决定性意义，标志着中国在电力芯片研发方面走到世界前列。

新能源项目投资模式

常规投资模式

直接投资模式

直接投资模式是指，投资主体以优质风、光、水等资源为目标，直接投资建设新能源项目。该模式优点在于，投资人全程参与并主导项目融资、招投标、采购、建设以及管理运营等过程，对项目的把控力强。

一般来说，直接投资也分两种类型。一种是全资投资，投资人利用自己在资金、管理、品牌、市场、人力等方面的优势，独立进行项目投资并完成开发建设。全资投资对投资人的能力要求高，一般需要投资人具备雄厚的资本和较强的综合实力，好处是，投资方对项目具有 100% 的控制权。

另外一种是合资模式，投资人也可选择当地国有企业或者有实力的民营企业进行合作，以合作方的优势弥补自身短板，双方风险共担、优势互补、合作共赢，根据协议对项目收益分红。

EPC+F 模式

EPC（Engineering Procurement Construction）是工程、采购和建设三个单词的缩写，作为一种工程承包业务模式的EPC是指，项目承包公司与业主方签订EPC合同，全程负责项目的设计、采购、施工、试运行等阶段的建设和管理事项。F（Finance）是指项目投融资。EPC+F，是指通过工程总承包加上项目融资的方式参与新能源项目投资。

EPC+F模式的融资方式多种多样，包括权益融资、商贷、两优贷款、融资租赁、特许加盟等，该模式的突出优势在于，项目承包商在协助融资的同时，充分发挥建筑企业在设计、采购、施工等环节的核心竞争优势，有效满足地方政府和业主方对项目建设周期和质量的特殊要求，促进项目经济效益的提高。实践中，项目承包商也可根据与业主方前期协商情况持有一定的项目股权。

预收购模式

预收购模式是指，投资方通过协议预先锁定某个在建新能源项目，待项目建设完成后按约定价格予以收购。这种模式可以视为EPC模式的一个特例，属于一种定制化收购，与一般EPC模式的核心区别在于，建设方需要独立解决项目建设资金问题。实践中，业主方、收购方与项目建设方会提前签订三方协议，约定项目标准、工程质量以及回收价格等内容。作为增信方式，项目的股权、收费权等权益会事先质押给EPC工程承包公司。

存量资产并购模式

该模式是指在市场上寻找已经投产运行的优质新能源项目，凭借雄厚的资金实力，直接进行收购，一般包括兼并、收购、合并重组三种方式。这种模式简单直接，关键点在于能够找到优质的收购对象，通常要重点考察项目的资源情况、前期手续是否完备、工程质量和设备是否有缺陷等风险点，以确保顺利实现投资目的。

融资租赁模式

融资租赁是指，出租人根据承租人的设备需求，与设备供应商签署买卖合同，购买承租人所需要的大型设备，同时，出租人和承租人以该设备为租赁标的，签订出租合同。出租人购买设备后，按照先前与承租人签定的租赁合同，将设备出租给承租人，并且分期收取固定租金。

融资租赁对企业的资信和担保要求不高，适合中小企业采用。在大部分新能源项目中，除去土地租金之外，设备设施是最大的资金需求，融资租赁方式可以极大地缓解资金压力，更好地控制项目风险。[1]

PPA

PPA 的字面意思是电力购买协议，即 Power Purchase Agreement 的英文缩写，作为对政府补贴政策退坡效应的应对，在可再生能源产业发展过程，逐渐发展成为一种类似期货的投资工具，体现出融资属性。

PPA 协议通常期限较长，一般会在 10 年左右。通过 PPA 机制，中标的新能源开发企业能够和用电方签署长期购电协议，电价由双

① 徐进、董达鹏：《双碳战略目标下新能源的投资策略与逻辑选择》，《新能源科技》，2021 年第 12 期。

方协商确定，在合同期限内保持不变。运用 PPA，用电企业一方面可以满足低碳排放的指标要求，另一方面也可以对冲绿电电价的波动，同时，在开发商一侧，则有效解决了项目开发前期的融资难题，并且提前锁定项目收益，大大降低投资风险。目前，PPA 机制在美国、英国、荷兰、波兰、德国、丹麦、西班牙等国家得到迅速发展。

作为新能源补贴的替代政策，PPA 机制在促进欧洲国家新能源产业发展方面起到显著作用。以西班牙为例，在 PPA 政策驱动下，世界能源巨头道达尔、壳牌等纷纷进入西班牙，2019 年的可再生能源电力增长高达 6.5 吉瓦，实现了市场的快速扩张。2020 年，欧洲企业客户签署的新能源 PPA 的合同总额约 470 万千瓦，随着 PPA 客户的增加，一个潜在的新能源投资市场正在浮现。

中国虽然没有正式引入 PPA 机制，但是在绿电交易方面积极探索创新机制。2021 年 9 月 7 日，中国首次启动绿色电力交易，由风电和光伏开发商生产的“绿电”单独按照市场价格进行交易，共有 17 个省份的 259 家市场主体参与首日交易，首日交易电量为 79.35 亿千瓦・时。

YieldCo

YieldCo（Yield Corporation）是一种创新的新能源项目融资公司模式，一般由母公司发起成立，并在证券市场公开发行。YieldCo 持有一定规模的运营资产，该资产所产生的主要现金流，按照一定频率和周期以股息的方式支付给公司股东作为投资回报。目前，YieldCo 正在美国和欧洲市场快速发展，中国证券市场尚不支持其发行。

YieldCo 最早出现在 2005 年，由航运公司 Seaspan Corporation 发起成立世界上第一个 YieldCo。YieldCo 的独特融资能力迅速被新能源产业界认可，美国电力企业 NRG 于 2013 年 7 月发起成立全球第一个新能源 YieldCo。随后，美国最大的风电企业 NextEra Energy 和可再生能源公司 SunEdison 等相继设立 YieldCo。2015 年 5 月，以 YieldCo 为主题的交易型开放式基金 Global x Yieldco Index ETF 在美国纳斯达克上市。中国新能源头部企业协鑫、阿特斯等，积极搭建 YieldCo 平台，是新兴市场国家探索 YieldCo 模式的先行者。

与 1951 年出现的不动产投资信托基金（REITs）和 1981 年出现的业主有限合伙（MLPs）一样，YieldCo 也属于收益型融资工具的一种。与常规上市公司相比，YieldCo 的特殊性在于，投资者重点关注的是现金流的稳定和适度增长，而非 ROE 等投资回报指标或者市场规模扩张速度。[①]

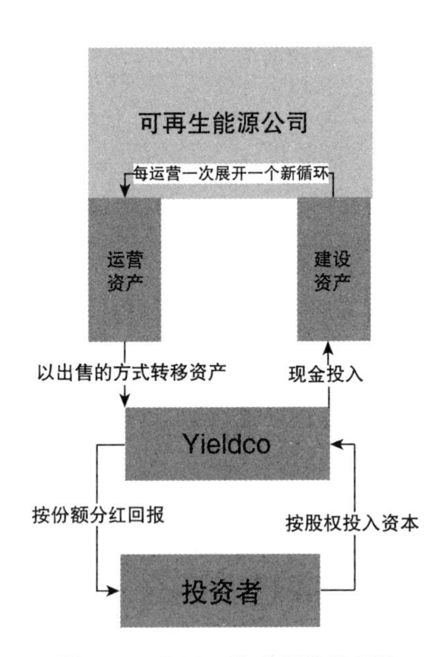

图 4-3 Yieldco 资金运行模式图

资料来源：经济合作与发展组织官网，https://www.oecd.org/cefim/india/Yieldcos/

① 汪巍:《投资者对 YieldCo 模式失去兴趣了么？——论 YieldCo 模式的前世今生与爱恨情仇》.《能源》, 2015(9):7。

YieldCo 作为融资工具的核心优势在于能为新能源项目降低融资成本。理论上，投资收益与风险度正相关，要想把融资成本降下来，就要大大降低项目风险，为投资人提供低风险的投资标的。为此，YieldCo 可以从如下三个方面优化新能源项目资产。

（1）YieldCo 以上市公司的形式公开募集资金，投资者可以在股票市场公开转让其投资份额，从而大大降低了流动性溢价。此外，YieldCo 一般会承诺股息在 3—5 年内保持持续增长，一般增长目标设定在 8%—15%。

（2）将运营资产从项目开发的整体资产中切割出来，从而实现风险的隔离。理论上说，项目开发涉及的风险点更加广泛，具有非常大的不确定性。而运营资产属于已经完成前期开发手续进入运营轨道的项目，已经具备产生长期、稳定现金流的能力，其投资风险远远低于项目开发全周期的整体风险。

（3）用长期购电合同锁定预期收益。YieldCo 项目一般会与信誉良好、实力雄厚的用电企业签署购电协议，提前固定合同价格，进一步缩小资金安全边际。例如，根据 NRG2014 年披露的数据，其持有的购电协议加权平均有效期长达 17 年之久。

基于上述原因，YieldCo 在美国资本市场的融资成本保持在年化 3%—5% 的低水平。通过合并报表，母公司的综合融资成本也将大大降低。①

① 艾莱光伏网公众号:《解密 YieldCo 模式，探寻 YieldCo 模式的前世今生！》，https://mp.weixin.qq.com/s/oC6a-xXyYP-hV0hLYpyHjQ

碳交易体系

在《联合国气候变化框架公约》定义下，“汇”（Sink）指的是：“从大气中消除温室气体、气溶胶或者温室气体前体的任何过程、活动和机制。”据此，“碳汇”就是将所消除的“温室气体、气溶胶或者温室气体前体”等统一换算成二氧化碳标准所进行的量化描述。

管理者认识到，金融活动具有利益相关方广泛等突出特点，应当在促进碳汇方面发挥关键性作用。与碳税等财政政策不同，金融政策本质上是市场机制，运用金融手段降低二氧化碳的基本思路，就是建立全球范围的碳交易市场，以使碳排放内化到成本之中。

市场中交易的“碳汇”并非物理实体，而是由某个机制和标准推算出来的二氧化碳减排或吸收的量。这符合金融资产的虚拟性特征。碳汇转化成资产的过程，体现为复杂的制度设计、标准开发和规则设定的金融化过程。

《京都议定书》三大减排机制

始于 1997 年的《京都议定书》，不仅对各缔约国提出了量化减排目标，而且为此设计了“国际排放贸易机制”（Emissions Trading,

ET）、“清洁发展机制”（Clean Development Mechanism，CDM）和“联合履约机制”（Joint Implementation，JI）三大减排机制，为全球碳交易市场的发展奠定了制度基石。

碳交易制度有两个基础理论：限量市场交易理论（Cap and Trade）和基准交易理论（Baseline and Trade），据此，碳交易市场的交易标的也被分为碳配额和碳信用两个基本类型。

限量市场交易理论是指，由管理者控制系统总量，并在所有系统成员之间进行原始分配，依据既定的交易规则，成员单位之间相互交易自己手中的配额指标。《京都议定书》为国际配额交易市场设定了两个碳交易单位。其一，通过协议方式，直接给附件一缔约国家分配一定量的温室气体排放单位，即配额单位 AAU（Assigned Amount Units），每个 AAU 相当于 1 吨二氧化碳排放当量。其二，附件一缔约国家通过土地改造、植树造林等活动形成二氧化碳吸收单位 RMU（Removal Units），这种吸收单位也被称为林业碳汇，每个 RMU 也相当于 1 吨二氧化碳排放当量。需要指出的是，AAU 和 RMU 都是为附件一国家专门设定的碳交易单位，只对他们的减排承诺有效。

基准交易理论提供了游戏的另外一种玩法——基于减排项目的碳信用开发。根据基准交易理论，新开发的项目相对于既定基准，会产生一定的 AAU 和 RMU 增量，这个增量经过权威性认证，即可形成一种新的碳交易单位“核证减排量”CER（Certificated Emission Reduction）。CER 可以项目的形式在非附件一国家被开发出来，然后拿到二级市场进行交易。

这里所谓的附件一国家是指，被列入《联合国气候变化框架公约》附件一的缔约国家（包括欧共体等组织），附件一国家涵盖了世界主要发达国家，同时，在附件一国家名单内部，还区分出了“发达国家”和“向市场经济过渡”的发达国家两个不同层次。未列入附件一的缔约方国家包括缔约发展中国家全体，以及少量的最不发达国家。

根据交易标的类型和参与主体的不同,《京都议定书》设计了三种基本减排机制。

国际排放贸易机制 ET 是指，附件一所列发达国家之间，可以相互交易的减排义务指标配额 AAU。需要指出的是，ET 所交易的碳指标 AAU，直接来自原始配额，而非合作减排项目，这一点，明显区别于后面的清洁发展机制和联合履约机制。

清洁发展机制 CDM，主要在附件一国家与非附件一的发展中国家之间展开，鼓励附件一国家为发展中国家的减碳项目提供资金和技术支持。作为回报，项目产生的碳信用，经过认证之后形成的“核证减排量”CER，可以用于抵消其履约义务。

清洁发展机制一方面为附件一所列发达国家的减排找到一条低成本路径；另一方面，也为发展中国家的减碳项目吸引资金和技术提供了制度化的支持，因此被称为一项“双赢”的灵活机制，在世界范围得到了最广泛的发展和应用。

由于 CDM 项目标准严格、开发周期长、审批流程多等局限，相对于“核证减排量”CER，市场上还衍生出一种新的碳信用单位“自愿减排量”VER（Voluntary Emission Reduction）。VER 分为两种，一种项目与 CDM 没有关系，即所谓纯“自愿”的减排项目生成的碳信用；另一种来自正在开发过程之中，但尚未取得 CER 的 CDM 项目。这两类项目都要经由联合国指定的第三方认证机构（DOE）的核证，经其签发，而获得“自愿减排量”VER。

联合履约机制 JI 则是在附件一国家内部展开的项目合作机制。投资方基于合作项目可以获得一定的碳信用指标 ERU（Emission

Reduction Uints）。ERU 来自项目所在国的原始配额单位 AAU 和去除单位 RMU 的等量转换，也就是说，项目投资国获得多少 ERU，项目东道国就要减掉等量的 AAU 或 RMU。可见，这种合作模式不改变附件一成员国集体的配额总量，只是将配额总量在系统内部进行重新分配。就这一点来说，JI 和 ET 具有相似之处，二者都是附件一国家之间互相调配指标，只是前者以项目投资为代价，后者直接拿钱买。

国际主要碳交易市场

在三大基础减排机制支撑下，碳交易市场得以迅速发展。根据有关研究数据，截至 2020 年 4 月，共有 28 个碳交易市场体系在全球范围运行，其中包括 1 个超国家机构——欧盟（覆盖 31 个国家）、7 个主权国家和 28 个不同层级的地方政府。[①]

创建于 2006 年的欧盟碳排放权交易体系（EU Emission Trading System，EUETS），是目前全球交易规模最大、参与者最多、成熟度最高的强制交易市场。EUETS 覆盖欧盟 27 个成员国外加英国、挪威、冰岛和列支敦士登，包含巴黎 Bluenext 碳交易市场、奥地利能源交易所（EXAA）、意大利电力交易所（IPEX）、欧洲气候交易所（ECX）、欧洲能源交易所（EEX）、北欧电力库（NP）、巴黎 Powernext 交易所、阿姆斯特丹 Climex 交易所等多个交易平台。

EUETS 不仅交易欧盟普通碳配额 EUA（European Union Allowance）、“核证减排量” CER、减排单位 ERU（Emission Reduction Uints）、航空业碳配额 EUAA（European Uinon Aviation Allowance）

① 李丹萍等：《国内外碳交易市场理论与发展实践综述》，《甘肃金融》，2021 年第 9 期。

等现货碳金融产品，而且还交易 ECX 碳金融期权合约、EUA 期货、CER 期货、EUA 期权、CER 期权以及掉期、指数等碳金融衍生品。据路孚特（Refinitiv）评估，EUETS 在 2020 年的碳交易额约为 2014 亿欧元，相对于全球碳市场的总交易额 2290 亿欧元来说，占比达到 88% 之多。①

国际碳交易机制分为强制减排交易和自愿减排交易两种基本类型。强制减排市场的购买方，主要来自负有减排义务的企业主体，它们对碳的购买需求源于法律和监管的强制规定，因此，总体上看，这类需求是刚性的，以此构成碳定价机制的基础。

自愿减排市场是指由那些没有履约义务的主体参与和驱动的碳交易市场，这类企业出于自愿承担减排义务，积极开发风电、光伏以及植树造林等项目，按照核定的基准，将获得的减排量认证为碳信用，进行市场交易。自愿减排市场以强制交易市场为基础，对强制交易市场形成重要补充。

根据联合国相关统计，截至 2021 年 6 月，全球范围内共有 733 个城市、3067 家企业、622 所大学自愿承诺了碳中和目标，就这些机构的总量来说，其全球 GDP 占比为 50%，碳排放量占比为 25%。②

随着自愿减排需求的上升，近年来，非政府组织独立第三方签发的碳信用呈快速增长趋势。根据世界银行的统计，2019 年，全球市场上自愿减排碳信用的 65% 为独立第三方所签发。核证碳标准（VCS）、黄金标准（GS）、美国碳注册登记处（ACR）、气候行动储

① Refinitiv. Carbon market year in review 2020[EB/OL].(2021-01-26). https://www.refinitiv.com/content/dam/marketing/en_us/documents/reports/carbon-market-year-in-review-2020.pdf

② 梅德文，葛兴安，邵诗洋：《自愿减排交易助力实现“双碳”目标》，《清华金融评论》，2021 年第 10 期。

备方案（CAR）等独立第三方机构，签发了大约 2/3 的全球自愿减排信用，成为推动碳交易一支异军突起的力量。

碳交易市场另外一个重要支柱是碳基金（Carbon Funds）。碳基金是由政府、企业、金融机构或者个人投资发起的专门基金，定向交易碳信用或者投资碳汇项目的一级开发。目前，碳基金尚处于发展初期，主要以政府、金融机构和大型企业投资为主，个人投资的机制和渠道有待进一步发展。

全球来看，政府独资的典型代表有：芬兰碳基金、英国碳基金、奥地利碳基金、瑞典 CDM/JI 项目基金；政府和企业共同出资的典型代表有：世界银行参与设立的碳基金、意大利碳基金、德国 KFW、日本碳基金等；私募基金典型代表有：气候变化基金、Merzbach 夹层碳基金等。[①]

中国碳交易市场发展情况

中国碳交易市场发展起步于 2005 年，直至 2021 年 7 月正式启动全国碳排放权交易市场，其间大概经历了三个阶段。

第一阶段：跟随国际 CDM 项目阶段（2005—2011 年）

2005 年 6 月，荷兰政府最先与中国合作，联合建设内蒙古辉滕锡勒风电站。项目在联合国 CDM 管理委员会注册，成为中国第一个碳汇开发项目。以此为起点，直到 2011 年，其间，中国 CDM 注册项目量直线上升。这一阶段，中国尚未发展出自己的碳交易市场和相关机制，只能遵循《京都议定书》的 CDM 机制，作为项目东道国

① 王广宇：《零碳金融》，中译出版社 2021 年版，第 91 页。

与欧盟等减排义务国联合开发 CDM 项目，并将项目签发的 CER 转让给对方。

受国际经济形势变化影响，这一趋势在 2012 年出现拐点，直至 2013 年，因《京都议定书》规定的相关条件发生变化，EUETS 宣布不再接受非“最贫困国家”新签发的 CER，从而为中国 CDM 项目开发画上历史句号。

据《联合国气候变化框架公约》统计显示，截至 2019 年，中国总共注册 CDM 项目 3764 个，主要分布在云南、内蒙古和四川等省份。

第二阶段：地方试点阶段（2011—2016 年）

2011 年 10 月，国家发改委发布文件《关于开展碳排放权交易试点工作的通知》，宣布在北京、上海、重庆、天津、深圳、广东和湖北等 7 个地区（2016 年新增福建省）开展碳排放权交易试点（ETS）工作，拉开了中国碳交易市场建设的帷幕。

地方政府按免费配额与有偿竞价相结合的方式，在 8 个区域性碳排放权交易市场内投放初始配额，取得配额的企业主体，根据履约要求，展开碳排放权交易。初步纳入的企业主体涵盖发电、石化、化工、建材、钢铁、有色金属、造纸和民航等八大高耗能行业。

仿照 CDM 项目，我们创建了自己的碳信用——“中国自愿核证减排量”（CCER）。2015 年，国家发改委发布“自愿减排交易信息平台”，开始签发 CCER，并在 8 个区域性碳市场以及四川联合环境交易所上市交易。

这期间，国家陆续出台了《温室气体自愿减排交易管理暂行办法》《温室气体自愿减排项目审定与核证指南》《碳排放权交易管理暂行办法》等规范性文件，初步搭建了“8 + 1”个交易所和“碳排放配额（CEA）+ 中国自愿核证减排量（CCER）”的地方试点交易市场体系。

2017 年 3 月，国家发改委宣布，CCER 项目因故暂停备案。据统计，2012—2017 年，共发布 CCER 审定项目 2871 个，备案项目 861 个，主要集中在清洁能源领域。

第三阶段：全国碳排放权交易市场建设阶段（2016 年至今）

2016 年 1 月，国家发改委发布《关于切实做好全国碳排放权交易市场启动重点工作的通知》，部署相关准备工作，意味着中国碳交易市场发展进入历史新阶段。2017 年 12 月，相关制度完成总体设计，国家发改委发布《全国碳排放权交易市场建设方案（电力行业）》，以电力行业为突破口，率先启动全国碳排放权交易制度建设。

此后，《碳排放权交易管理暂行条例（征求意见稿）》《碳排放权交易管理办法（试行）》《碳排放权登记管理规则（试行）》《碳排放权交易管理规则（试行）》《碳排放权结算管理规则（试行）》《企业温室气体排放报告核查指南（试行）》等支柱性文件相继出台，为制度建设打下四梁八柱。

按照基础建设期、模拟运行期和深化完善期的推进步骤，数据报送系统、登记系统、结算系统、交易系统、风险预警与管理机制、配额分配及注销制度、温室气体测量、报告、核查制度等均已统一为全国性的标准和规范。

2021 年 7 月 16 日，中国碳排放权交易市场正式启动，首日交易在上海环境能源交易所进行，当日碳排放配额成交量为 410 万吨，约占电力行业年度排放总额的 33%，总成交金额 2.1 亿元人民币，均价 50 元人民币 / 吨。[①]

目前，首批交易单位限于全国 2225 家发电企业，其碳排放占全国碳排放总量的 40%。石化、化工、造纸、航空、建材、有色和钢铁等行业同步开展准备工作，待条件成熟时逐步纳入。CCER 项目也将择机重启。

据预测，中国碳交易体系的交易份额约占全球 10%，将成为全球最大的碳排放交易体系。到 2025 年前后，该体系将“覆盖约 7500 家企业，占全国碳排放量的近 3/4，全球碳排放总量的近 20%”，因此被专家喻为“沉睡的巨人”。[②]

① 上海联合产权交易所、上海环境能源交易所：《全国碳排放权交易市场建设探索和实践研究》，上海财经大学出版社 2021 年版。

② 约翰・约翰逊，李学章：《中国新的碳排放权交易体系：沉睡的巨人》，《资源再生》，2021 年第 9 期。

- 5 -

可持续性增长：进入复利神话

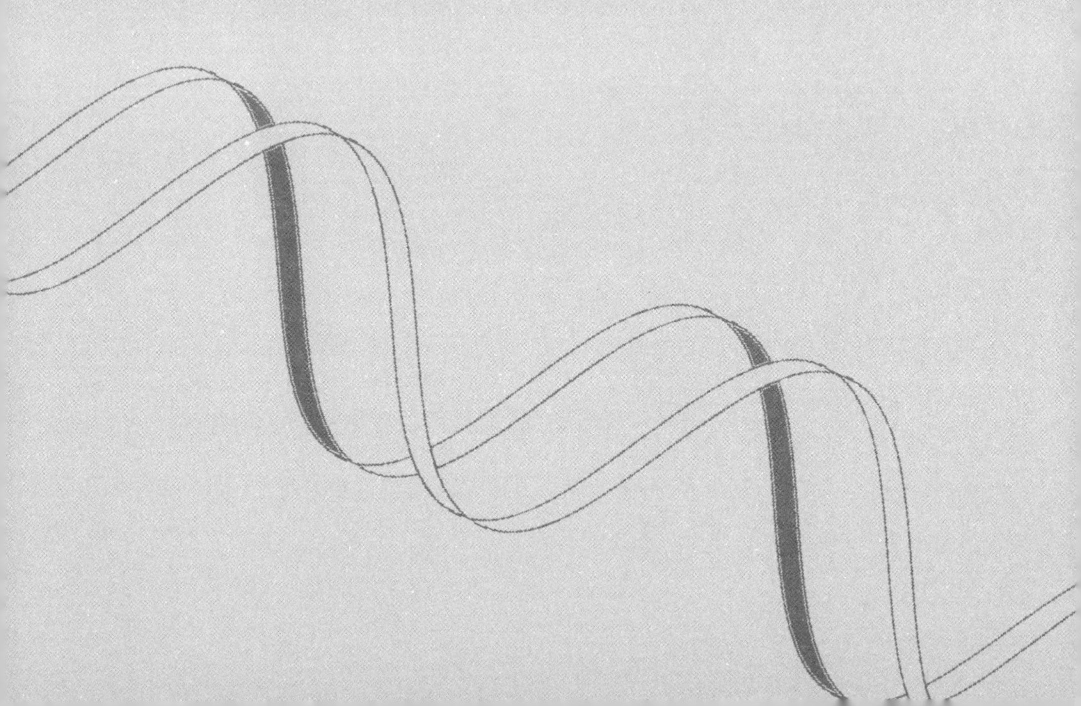

投资收益的可持续性

可持续性：复利神话的现实入口

据说，爱因斯坦将复利称为“世界第八大奇迹”，相关的说法在投资界流传甚广，似乎“复利”两个字里面，蕴含了一个天大的秘密。其中最著名的故事有两个。

第一个说的是阿基米德与国王下棋的事。阿基米德和国王对弈时，提出要以米粒为资与国王赌一把。如果自己赢了，就要国王以棋盘为测量工具，量米赔给他。棋盘共有 64 格，他要国王在第一格中放 1 粒米，第二格放 2 粒，第三格 4 粒，第四格 8 粒。按照这个规律，直至把棋盘放满。

国王不懂复利的数学原理，钻进圈套之后才发现，在这个算法下，米粒的总量达到 $2^{64}-1$ 那么多。有人粗略估算了一下，真有这么些米的话，大概要 92 亿多吨。

第二个故事是巴菲特在致股民的信中说的，故事从曼哈顿岛的售价讲起。1626 年，曼哈顿岛的印第安人以 24 美元的价格，将曼哈顿岛出售给荷属美洲新尼德兰总督彼得 · 米纽伊特。米纽伊特得到的土地约为 57.8 平方千米，以 1965 年的价格计算，曼哈顿岛这块地的价格已经涨到 1250 亿美元。

经过 338 年，曼哈顿岛的土地价格实现了惊人的增长，但是，这并非巴菲特想说的重点。巴菲特进一步指出，如果当年那个印第安人把卖岛所得的 24 美元用于投资的话，只要保持 6.5% 的年化收益率，那么到 1965 年，他手中的 24 美元将变为 420 亿美元巨款。

再进一步讲，那个印第安人只需稍微再努力一点儿，把年化收益率提升 0.5 个百分点，也就是说，从 6.5% 上升到 7%，那么，经过 338 年的持续增长，他最后的回报将变为 2050 亿美元。

如果把复利看作一个函数的话，与自变量从 6.5% 到 7% 的增长相比，函数从 420 亿美元上涨到 2050 亿美元，这是一个非常惊人的变化。

巴菲特自身的投资战绩同样具有说服力。1965 年，伯克希尔公司的股票价格为每股 18 美元，在巴菲特的经营下，该公司保持每年 21.6% 的投资收益率，并持续了 50 年，到 2015 年，每股价格已经涨到 218000 美元，增长了约 12111 倍。[①]

上面的故事很好地展现了复利的威力，但其实，这个神话对应到我们普通人的投资活动中，却有个不易被察觉的认知陷阱——高收益幻觉。

高收益幻觉揭示的是这么一个现象：波动性对增长率的损害，具有反直观的特征。当高收益率与高波动性叠加时，直观判断往往容易被前者误导。比如下面这个例子。

两个基金经理采取的策略不同，A 激进，B 稳健。五年之后，

---

① 〔美〕杰里米·米勒著：《巴菲特致股东的信——投资原则篇》，郝旭奇译，中信出版社 2018 年版，第 26—35 页。

二人的业绩表现如下：A前三年每年增长100%，但是，最后两年连续亏损70%。B不紧不慢，每年增长10%。比较二者，很多人第一反应会认为A的业绩更好。理由是，5年中，A增长的年数3，大于亏损的年数2，而且，增长的幅度100%，远大于亏损幅度70%，差额为30%。B尽管5年都增长，但是增长幅度10%，似乎有些微不足道，连A的盈亏率差额30%都不到。但事实上，数学给出的答案却恰恰相反，B的累计收益率为61%，而A不赚反赔，其累计收益率为–28%。B稳胜A。

这里举的例子并非凭空编造。A类基金对应的现实对象，正是那些以极端量化工具追求畸高利润的投资策略。此类策略利用高性能计算机的强大算力，对市场数据进行深度挖掘，从中发现投资机遇。

它们一般具有两个突出特征，一个是高杠杆，另一个是对系统参数的高敏感性。就第二个特征来看，只要系统的结构特征稍有变化，就可能导致投资模型瞬间坍塌，而高杠杆特征又会将损失倍增式放大。所以，从收益率表现来看，这类策略必然是大起大落的。

高收益幻觉作为认知陷阱，具有深刻的人性基础。股票市场的散户有可能不明白这个道理，但是，对那些写模型的金融工程师来说，累计收益率的计算不过是金融学常识，他们岂会不知？但问题在于，知与行之间，横隔着“贪嗔痴”的深刻人性。

巴菲特说：“人生就像滚雪球，重要的是发现湿雪和长长的山坡。”这里的“湿雪”可以理解为低成本资金，对应的实际问题是：不要为了杠杆而提高资金成本；而“长长的山坡”则突出强调了增长的连续性，对应的实际问题是，资金要投到那些具有可持续特征的赛道中去。

巴菲特把这个数理洞见讲得很家常，这体现了一种智慧，他看到问题的同时，肯定也意识到了人们身上的“动物精神”。所以，真正的难点，似乎不在道理本身，不在于讲的这一方，而在于听的那一方，在于投资人的实际行动。

ESG 作为贯彻可持续原则的操作系统，可以被视为一个抵御高收益幻觉诱惑的有效工具。ESG 投资理念和方法，等同于一套具体的可持续标准和方法，等同于一个结构化的可持续因子。运用 ESG 的估值、组合等方法和策略，把符合 ESG 标准的投资目标筛选出来，由此组成一个新型投资赛道。这个赛道在投资方面的本质特征，就是增长的可持续性。用巴菲特的话说，ESG 就是一条既湿且长的雪坡。

环境和社会——可持续性增长的价值源泉

投资领域有个重要方法论，叫作逆向思考。要想找到具有可持续增长特征的公司，一个可靠的办法是反过来想：容易阻断企业持续增长的因素是什么？毫无疑问，从可能性和影响程度两方面看，环境和社会都是最突出的问题领域。

根据公众环境信息中心（IPF）的统计数据：“2018 年 A 股中有 898 家上市公司 1669 家关联企业有环保违规问题，涉及环保违规记录 3845 条；有 744 家上市公司及其关联企业在线数据有超标问题，占据整个重点企业 1/4 比例。上市公司重点排污单位的在线监测数据频频超标，次数达到了 1307 次。”[①] 无论从自身业务稳定发展还是监管处罚角度来看，环保违规的企业就像一个怀揣炸弹的人，不管

---

① 周亚成：《合规管理与 ESG 的融合》，《绿色金融的机遇与展望：名家解读中国绿色发展》，中国绿色金融学会绿色金融专业委员会，中国金融出版社 2021 年版，第 129—130 页。

目前状况有多好，一旦炸弹爆炸，发展势头必然受到阻碍、停滞、倒退，甚至彻底毁灭。

2015 年 8 月，天津市滨海新区天津港发生特别重大火灾爆炸事故，造成 165 人遇难、8 人失踪，798 人受伤住院治疗，304 幢建筑物、12428 辆商品汽车、7533 个集装箱受损，核定直接经济损失 68.66 亿元人民币。国务院事故调查组公布的调查报告显示，某企业在环评不合格的情况下，违规经营和储存危险化学品，最终导致灾难性后果。①

环境问题的危害不限于违规企业自身，还会通过供应链形成风险传导。2017 年 9 月，著名汽车轴承制造企业舍弗勒面临大面积的被动违约，有可能导致下游汽车制造企业约 300 万辆汽车减产，损失高达 3000 多亿元人民币，因此不得不向上海市政府有关部门发出紧急求助。问题出在其上游供应商那里。该公司长期忽视环境污染问题，经监管部门多次警告后，最终被迫停产整顿，从而造成舍弗勒公司材料断供。②

这个案例提示我们，环境风险管理是个系统工程，不仅要管住自己不出险，还要通过供应链管理等 ESG 工具，防范外部输入性风险。

从社会角度看，2021 年发生的鸿星尔克事件，戏剧性地展示了社会认同对企业经济效益的促进作用。2021 年 7 月，河南郑州遭遇特大洪水灾害，鸿星尔克捐赠价值 5000 万元的抗灾物资，得到社会广泛赞许，导致顾客追捧式的“野性消费”。这个事件具有典型性，

---

① 数据引自《天津港“8·12”瑞海公司危险品仓库特别重大火灾爆炸事故调查报告》，中央政府门户网站，http://www.gov.cn/foot/2016-02/05/content_5039788.htm

② 王彬：《舍弗勒事件，环保不能屈服于经济利益》，《钱江晚报》，2017 年 9 月 29 日，http://opinion.people.com.cn/n1/2017/0929/c1003-29566386.html

本书将在最后一章专门进行案例分析。

系统性运用 ESG 工具提升企业可持续发展能力，在国外已经具备较成熟的理论和实践经验。Amanco 是拉丁美洲的一家公司，主营业务是水处理管道生产和设备安装。Amanco 运用平衡记分卡系统（The Balanced Scorecard System，BSC）收集 ESG 因子，创建了一套更加符合低碳环保、更加关注利益相关者、更符合公共道德的绩效指标体系。

BSC 将非财务指标融入传统的财务绩效框架，引导公司各级管理者树立重视经济、社会和环境三重利润战略。“在道德、生态效益和社会责任的框架下，生产和销售完整、创新、一流的液体运输和控制方案，以获得利润。”[1]

BSC 系统的重要功能是将包括客户、供应商、经销商、政府、合作社、居民、社区组织等利益相关方对环境和社会议题的合理关切，汇聚到一个目标之下，并通过企业有组织的统一行动予以实现。

企业不仅要关注经济利润目标，也要树立社会目标和环境目标。企业也是一种社会主体类型，是社会公民的一员，是社会关系网络的重要纽结点，只有深刻认识企业的社会属性及其与环境的相互依存性，才能避免单一经济目标的割裂式发展对可持续性造成损害。

乔治·塞拉斐教授对问题做了总结：“能够放眼长远、不只注重眼前利益的企业，会因为 ESG 表现提升，带来员工敬业度提升、客户忠诚度和满意度提升，进而实现生产效率和销量等方面的提升。

---

① 转引自罗伯特·卡普兰、大卫·麦克米伦：《“可持续”与“增长”之间，隔着这套量化工具》，柴茁译，HBRC 新增长学院微信公众号，https://mp.weixin.qq.com/s/u5la9cyjV5fon2VolDRbMQ

从更长远的角度讲，未来企业必须改善 ESG 表现。”[①]

通往可持续性增长的隐形路径

公司治理型数据对可持续投资的突出贡献在于，帮助投资人及时识别内部人掏空等管理型风险，发挥战略“避坑”作用。这一点，已经在前面一章进行了深入说明。此处，我们想进一步探讨一个问题：除了有效防范风险，良好的公司治理本身是否能够正面促进可持续增长？

德国学者格里德等人曾在 2015 年梳理了全球 2200 份研究 ESG 的文献，分析发现，这 2000 多份文献中，约有 90% 的研究结论认为：ESG 与企业财务的关系为非负相关。[②] 这个结论足以肯定 ESG 管理的科学性。但同时，人们不禁也要发出疑问：为什么无法得出 ESG 与财务绩效具有直接的正向因果关系的结论？

管理活动本质上并非纯粹的科学，而是科学与艺术的结合体。ESG 作为一种管理模式，其中有些要素是可量化的、财务相关的，但还有些关键要素，尤其是 G（公司治理）部分的要素，呈现出较高程度的人文特征，因而阻断了量化关系的线性映射。

现代管理学提出“洛桑效应”，反映出管理理论对主观因素的重视。项羽打仗时以破釜沉舟的行动激励士气，曹操行军时用望梅止渴的办法提升部队意志，这些都是以主观因素提升管理绩效的典型

---

① 转引自朱冬：《鸿星尔克非理性消费背后的理性思考》，HBRC 新增长学院微信公众号，https://mp.weixin.qq.com/s/FRlygBTZK-fff0zjwlSiiw

② Gunnar Friede, Timo Busch & Alexander Bassen (2015) ESG and financial performance: aggregated evidence from more than 2000 empirical studies, Journal of Sustainable Finance & Investment, 5:4, 210–233, DOI: 10.1080/20430795.2015.1118917.

案例。

认识到 ESG 管理中的艺术性成分很重要，但是更为关键的问题在于，我们要进一步认识到：ESG 是站在常规企业管理的肩膀上发展出来的新模式。这意味着，传统模式的管理绩效增量已经被穷尽，而新模式的确立，则需要超出原来水平的显著绩效增长才能被认定。那么，这份超出来的、具有显著性的管理绩效来自何处？

这里，才是论证 ESG 管理支撑公司财务性增长的关键点所在。下面来看一个案例。

1987 年 10 月，美国铝业公司迎来新一任总裁——保罗・奥尼尔。此君甫一上任，就给公司股价带来一次暴跌。因为在与股东和媒体的首次见面会上，奥尼尔提出了自己的施政纲领——狠抓安全生产，确保员工人身安全。

投资人对此是如何反应的？多数人的反应是：奥尼尔疯了！甚至有人怀疑他是不是吸毒过量，导致胡言乱语。

> 听完新总裁的那番话，屋里的投资者几乎被吓得夺门而走。其中一个小跑到大堂，找到一个投币式电话，打给他最重要的 20 个客户。
>
> “我说，董事会找来了一个疯狂的嬉皮士，他这是要搞砸公司的。”那个投资者和我说，“我命令他们要抢在房间里其他人之前，立刻卖掉手头的股票。”[1]

因为在投资人的概念里，安全保障类似员工的一种劳动福利，并非财务盈利的核心驱动力所在，总裁全力以赴抓安全生产，从他

---

① 〔美〕查尔斯・都希格著：《习惯的力量》，吴亦俊、陈丽丽、曹烨译，中信出版社 2017 年版，第 101 页。

们的角度看，实在是颠倒了主次，严重偏离了实现利润的主目标。

但是，真实情况却出乎人们所料，事情的结果出现了有益的反转。奥尼尔发表就职宣言之后不到一年，公司就实现了空前的利润增长。而到 2000 年，奥尼尔从美国铝业退休的时候，公司净收益取得了 5 倍的增长，股票总市值达到 270 亿美元。以美国铝业公司的基数来看，不得不说，增长 5 倍是一项耀眼的业绩。

看似不务正业的总裁，却取得了空前的利润增长，其中的奥秘是什么？

原来，像美国铝业公司这样庞大的跨国集团，底层运作上要依赖一些无形的惯例机制。管理者若从提升利润的角度提出变革，可能会遭遇极大的阻力。奥尼尔的前任曾提出改善质量、提升效率的改革目标，结果立刻遭到 1.5 万员工集体罢工抵制。

员工人身安全是职工的根本利益所在，在这个名义下对习以为常的做法进行一些改变，员工不会产生强烈的对抗情绪。奥尼尔紧抓安全生产这个纲，逐步将新的管理要求扩散到整个系统，开辟出一条非线性的、网络化的改革路径，最终使整个管理体系发生质变，收获了显著的改革红利。这就是奥尼尔的秘密。

绝大部分的 ESG 研究文章都指出，ESG 指标与财务指标存在非负相关关系，但缺乏确凿证据支持二者的因果关系。从现象上看就是：那些 ESG 表现优秀的公司，其财务表现一般也不差，但是要说 ESG 表现好，决定了财务增长，却难以建立严格的因果关系。其中的原理正在于此。

ESG 管理找到了一个新的、有效的方向，在这个方向上，管理者通过对非财务因素的关注，可以构筑出一种非线性的综合作用模式，最终能对财务绩效产生显著提升。

从可持续性的角度认识这个问题，需要强调指出：ESG 管理是穷尽了常规管理手段之后找到的一种“曲线救国”方式。对于增长陷入停滞状态的原系统来说，这是实现增长可持续性的一个有效办法。另外一方面，基于 ESG 的主题的广泛性和开放性，这种可持续方法本身也是可以持续延展的。

可持续性估值工具

基于利润概念的经典估值工具

市盈率 PE，又称本益率，指的是每股股价与每股净收益 EPS 的比值，计算公式为 PE=P/EPS。PE 估值法是一种动态视角，侧重公司的未来收益，重点关注企业创造利润的能力，反映市场对其盈利能力的预期。一般来说，PE 值低，说明企业价值被低估。PE 估值法具有数据可得性高、使用成本低的特点，因而被投资者广泛运用，被奉为证券分析的金科玉律。

PE 还有一个衍生的估值法，被称为 PEG，公式为 PEG=PE/G。其中的 G 指的是待估公司的净利润增长率 (Growth)，用一个公司的 PE 值除以它的净利润增长率，得出的结果 PEG，可以看作对 PE 值的一个再评估。

待估值公司的 PE 值是高还是低，并不取决于 PE 自身的绝对值，而要结合其发展阶段进行具体评价。如果企业在高速增长，那么，高 PE 值就是合理的；反之，如果利润增长率缓慢，即使较低的 PE 值，也未必安全。

从数理上说，PEG=1 是 PE 值合理与否的界线，也就是说，在合理估值下，PE 值应当和企业的利润增长速度相一致。PEG 小于 1，说明企业受到价值低估，投资人应当抓住机会，积极买入。

PE 类的估值法也有缺陷，其中最突出的问题在于：某些行业对财务杠杆的依赖性非常高，但是，因此形成的债务风险并未反映在 PE 估值公式中。从 PE 值判断，会得到由低 PE 值构筑了高安全边际的假象。

房地产行业就是利用极高的财务杠杆实现利润增长的典型，这种模式的关键机制是依靠借债实现发展，公司必须具有高超的流动性管理能力，一旦现金流断裂，就会出现难以承受的后果。比如，国内某房地产企业，2018 年实现净利润 492 亿元，但其当期借债的利息费用就高达 141.5 亿元，其中 59.6 亿元进行了资本化处理，也就是说，资本化处理的利息费用占到利润的 12.1%。[①] 考虑到这种会计操作的影响，低 PE 值的房地产股票，很有可能掩盖了高财务风险。

市净率 PB 指的是权益的市值与账面价值的比值。PB 估值法是一种静态视角，侧重公司在当下时间点上实际拥有的资产价值，其关注的焦点在于公司现有的体量，而不是未来能长多大。一般来说，PB 值低，说明企业价值被市场低估，因此具有投资空间。

净资产收益率 ROE 也被称为股东权益报酬率，指的是公司的税后净利润除以净资产的比值，计算公式为 ROE= 净利润 / 权益。这个比值直观上反映了股权的收益水平。

杜邦模型给出了一个分析 ROE 的经典框架：ROE=Asset / Equity × Income / Asset × Profit / Income。模型中的三个比值，分别

① 金龙：《价值投资：基于 ESG 分析框架》，厦门大学出版社 2021 年版，第 139 页。

代表财务杠杆率、资金周转率和净利润率，企业的 ROE 水平，可拆解为这三个财务比值指标的乘积。

简单说，PB 是衡量当前股价是否便宜的指标，ROE 则是衡量企业未来赚钱能力的指标。将二者组合起来的 PB-ROE 估值法，就构造了低风险高收益的经典选股模型。通过 PB 和 ROE 两个指标的不同组合，可以划出四个象限。其中，PB 低值 +ROE 高值区的股票，即是我们的最佳选股目标。PB 低值说明这个区域的股票价格被低估了，投入的资金具有相当的安全性；同时，ROE 高值说明，该股票具有高成长性，买入这样的潜力股具有较大的回报预期。

PB-ROE 模型同样也有缺陷，最突出的问题是周期陷阱。比较 PB 和 ROE 两个计算公式可以知道，市净率对市场和宏观经济等外部因素的变化更加敏感，而净资产收益率由于受历史会计数据的局限，往往具有一定的滞后性，二者在时间线上的错位呈现，会对投资者产生误导。

PE 与 PB-ROE 等经典估值模型围绕企业创造利润的能力展开，本为理所当然，但值得警惕的是，净利润是一种调整之后的会计数据，会计计量蕴含的自由空间，为管理层误导估值打开了方便之门。对此，投资人不可不察。

会计利润里的操纵术

公司运营的复杂性容易滋生财务造假。同时，会计准则允许一些科目进行主观估计和人为设定，管理层也可以通过盈余管理的方式合法地修饰财务报表。一般来说，操纵财务报表的直接目的多是虚增会计利润。可供动手脚的地方主要集中在现金、存货、应收账款、固定资产、研发费用等会计科目上面。

建筑工程领域经常会出现一种用现金“买”利润的情况。公司承接了大量建筑工程，上游购买钢筋、水泥、沙石等材料的费用须现时结清，从而导致大量现金流出，而下游却是按工程进度分段结算，回款速度缓慢，在会计周期内无法覆盖上游的资金成本，从而导致总体上呈现金净流出状态。

这种情况下，按照权责发生制记账法，签订了合同即可确定收入，因此，表面上看公司实现了利润增长。但实际情况是，这种利润是依靠现金抽血换来的，必定不能长久，公司干的工程越多，现金失血就越严重，一旦现金流被抽干，还会引发违约风险。

存货科目也是财务风险高发的领域，这类情况以养殖业为典型。养殖类企业的主要资产都押在存货上面，但是存货的真实情况却非常容易掩饰。比如，2018 年，猪瘟导致我国大量养猪企业受损，在这种情况下，某养猪企业可能宣称，由于本企业采取了严格有效的防范措施，并未受到疫情影响。审计来查时，只须跟周边农户“借”猪在自己厂里养一段时间即可应付。水产养殖的存货更难盘点，对于海参、扇贝、大闸蟹等生物性资产来说，计量和判断非常困难。一场暴雨或者海啸，可以导致减产，也可能带来增产，可能把自己家的东西冲到了别人家，也可能把别人家的东西冲进自己家。

比起存货科目，应收账款更加容易造假。应收账款弄虚作假不需要实物证据的配合，仅仅玩弄一下数字和票据游戏就能实现。常见的手法是，先以大规模应收账款冲高利润，然后摊入一个较长的周期，逐步通过坏账进行应收账款减值。投资人如果发现财务报表中出现异常的高应收账款，就要合理怀疑其“来无影去无踪”的利润。

固定资产科目主要通过折旧政策变化来调整利润，这种情况多出现在设备资产占比较高的制造业。按照会计规则，折旧形成的费用，最终要转入当期的主营业务成本，如果拉长折旧期限或者降低折旧率，即可减少当期成本，抬高利润。

此外，在高科技领域还存在研发费用资本化的财务操作方法。为促进高科技企业发展，国家在关于无形资产的会计准则中规定，符合一定条件的企业研发费用，可以转化为无形资产，从而列入资产科目，按一定年度进行摊销。

高科技企业成本高度集中在研发费用方面，利用这个政策，可以大幅度提升利润水平。比如，某公司开发出一款智能空调，当年实现销售营利 50 亿元。但是，为开发这款机器，该公司可能投入的研发费用高达 50 亿元。现在，如果能将其中 25 亿元的研发费用转化为资产，那么，当年的财务报表中就会出现 20 多亿元的利润。

以上只是利用会计手段粉饰企业利润的一些常见手段，实践中，还有利用预付款、费用、税收政策以及合并财务报表等更加高级的财务操纵方法。

所谓知己知彼，方能百战不殆。考虑到经典估值方法如此多的漏洞，投资人不得不思考，仅凭这种方法得出的估值结果，自己真敢做出重大的投资决策吗？在这种顾虑之下，不依赖“利润”概念的估值方法 DCF 日渐引起人们的重视。

DCF 估值法对财务操纵的克服

现金流贴现 DCF（Discounted Cash Flow）估值法指的是，依据企业持续创造自由现金流（Free Cash Flow，FCF）的能力，也就是俗话说的赚钱能力对企业进行估值，以一个合理的贴现率，用企业未来预期创造的现金流，折算出股票现在应有的价值。

DCF 估值方法的核心要义在于，以现金流概念取代利润概念，将估值的依据从利润转移到现金流上面，从而躲开了诸多围绕利润装饰出来的财务数据陷阱。这种方法要考察现金流的绝对数量，因此也被称为绝对估值法。

正如前文所分析的，利润是一种会计调整之后的数据，其中的会计操作遵循的是权责发生制；但现金流的记账方法遵循的是收付实现制，也就是说，必须有实际的现金流入、流出才会导致账目变化，这就从技术上消除了粉饰财务数据的制度空间。

DCF 估值法崇尚“现金为王”理念，在现金流这个最终检验标准面前，无论是花钱买来的利润、假存货冒充的利润、预付款提前入账的挪用利润、固定资产折旧魔术变出来的利润，还是依靠费用资本化虚幻出来的利润，都将露出本来面目。无论会计能力有多高超，最后没有净现金流入的公司，都很难说自己是个赚钱的公司。从相反方面看，不管公司账面利润表现如何，只要能够保持稳定且充裕的现金流——即便是通过筹资活动获得的现金流，就很难否定它是个好公司。

DCF 估值法从资产负债表、利润表和现金流量表三张财务报表中抽取现金科目，最大限度地综合了公司财务的整体状况，被认为是具有最严格的理论基础和数据支撑的估值方法。学术界高度认可 DCF 估值法，有学者赞誉说：“DCF 估值模型可估世间万物。”[①] DCF 估值模型涉及的变量较多，其公式为：

$$PV = \sum_{t=1}^{n} \frac{FCF_t}{(1+r)^t}$$

其中，PV 代表被评估企业的现值。n 为估值活动所设定的自由现金流持续的周期，从第 1 期开始，到第 n 期结束。r 代表考虑企业

① 龚凯颂：《论估值模型的逻辑与演化》，《财会月刊》，2021 年第 9 期。

债务成本和权益成本加权后的平均成本率，在这里被认为是一个合理的未来现金流贴现率。FCF 代表企业的自由现金流。

DCF 估值法认为企业价值等于其未来现金流的折现值，这个思想的操作困难在于对现金流、折现因子和持续时间的估计。理论上，自由现金流是稳定而永续发生的，但实践中，这显然是不可能实现的。FCF 和 r 两个参数各有自己复杂的展开式，它们不仅吸收了财政政策、货币政策、利率水平、税收强度等宏观经济要素，而且受到产业、市场、技术、环境等众多不确定因素的直接影响，现金流和折现率能在多长的周期上保持稳定，这是谁也无法保证的。

显然，过于精确的参数设定，会反过来损害估值活动必要的弹性。最坏的情况就像巴菲特所说的那样，"模糊的正确"被"精确的错误"所取代。

ESG 对 DCF 估值的定量调整和定性把握

鉴于现金流贴现模式的局限，我们应当清醒地认识到："估值（Valuation）是对价值的计量，而不是定价（Pricing）。"[①] 二者区别在于，定价给出精确价格，交易直接依照价格进行，但估值只是为交易提供决策参考，并不直接触发交易，更不是交易所执行的具体价格。

换个角度说，DCF 估值模型虽然是严格的量化计算过程，但是对其结果的使用，还要经过其他元素进行复合分析和调整。就这一点来说，量化方法并未在 DCF 模型主导的投资决策中贯彻到底。

ESG 作为一种复合分析要素，可对 DCF 估值数字进行量化加权

① 龚凯颂：《论估值模型的逻辑与演化》，《财会月刊》，2021 年第 9 期。

调整和定性把握，通过这两种方式发挥作用。

首先来看定量的加权调整模式。分析 DCF 估值公式可知，其中涉及的变化因素非常多，但核心可以归结到三个变量上面，即自由现金流 FCF 在测算期的增长率、未来现金流的贴现率 r 以及估值期 n。

良好的 ESG 表现可以带来环境和社会方面的溢价，同时降低企业运行风险，这将对 FCF 的增长率起到正面影响；反过来说，ESG 方面的隐患，则会拉低未来增长预期，同时将相关风险传导到企业信用评级上面，影响资金成本，从而推高贴现率 r。同时，ESG 表现也是决定估值期限 n 的重要参考。

基于这个逻辑，实践中，可以对相似条件下的同行企业进行 ESG 评级并排名，以估值对象的 ESG 评分为依据构造加权因子。并用相关因子分别与 FCF 增长率、贴现率 r 等相乘，最终实现对估值结果的综合量化调整。

需要强调的是，根据 DCF 估值模型的特征，这种方法最适合那些发展进入成熟期、管理规范、现金流稳定的企业，比如进入成熟期的公共事业、能源、金融、快消品等企业。而这些企业特征，恰好与 ESG 管理所追求的目标高度契合，也是 ESG 评级体系重点关注的因素，这一点进一步强化了估值结果的适用性。

能定性影响 DCF 估值结果的 ESG 元素很多，这些因素往往体现为某种压倒性、颠覆性的发展趋势或者风险，对投资决策能起到一锤定音的作用。就 DCF 估值模型涉及的元素来看，自由现金流（FCF）持有量是个核心指标。

自由现金流（FCF）指的是，在保持现有盈利水平状况下，除掉公司的经营成本增量和净现值大于零的项目投资之后，公司还剩余的现金流。用公式表达就是：FCF= 税后净利润 – 营运资本追加 – 资本性支出 + 折旧 + 摊销 + 债务利息。

从公式来看，FCF是依据现金的会计确认标准对净利润进行的一番调整。首先，营运资本追加和资本性支出是公司保持现有水平所要追加的投入，这部分投入以现金的方式进行，因此会导致自由现金流减少，所以要从总额中减去。固定资产折旧和无形资产、递延资产摊销属于非付现成本，这两项是从计算利润角度，对历史数据的会计操作，并不影响现金流的实际数额，因为在先前计算利润时，曾将这两项减掉了，所以要在此处加回来。债务利息属于筹资活动的成本，虽然要在计算利润时减掉，但它与非付现成本一样，同样不影响当期现金流的实际变化，所以也要在此处加回。

通俗地说，FCF就是企业维持现有盈利水平所必需的投入之外，还多出来的“闲”钱，这些钱不受某些必要用途的限制，因而被认为是“自由”的。

FCF是公司盈利能力的体现，但是大量FCF在公司账面的过度累积，却会成为“委托代理成本问题”的放大器。实践中的风险主要体现为“过度投资”与“不合理职务消费”两个方面。

下面来看两个相关案例。

A公司主营业务为航空油料进出口贸易。1993年，A公司在新加坡注册成立海外子公司——A公司新加坡股份有限公司（以下简称A新子公司）。在管理层带领下，A新子公司克服初创期的种种困难，不断发展壮大，并于2001年12月在新加坡交易所主板完成IPO，成为一家上市公司，公司业务也由原来的单一进出口贸易，发展为工业生产与进出口贸易相结合的综合实体产业，企业发展前景一片大好。

2003年年底，A新子公司净资产超过1亿美元，总资产达到30亿美元，自由现金流高达2.9亿美元（未通过总资产标准化处理）。巨额自由现金流激起了管理层参与高风险投资的欲望。A新子公司开始利用自由现金流进行石油期权交易。2003 年年底至 2004 年，由于误判国际原油价格走势，公司持有的期权合约出现亏损。

面临巨额资金损失的风险，公司高管连续进行风险极高的“挪盘”操作，试图以此挽回损失，但是事与愿违，损失头寸不断放大，最终导致资金链条断裂，A 新子公司的实际亏损达到 5.5 亿美元之多，因为资不抵债而被迫出局。[①]

另外一个案例说明了公司过量持有 FCF 导致不合理职务消费的情况。B 公司是国有石油石化企业集团。2001—2010 年，十年间，B 公司自由现金流呈现高速增长趋势，除了个别年份出现负增长外，平均年度自由现金流高达 110.2 亿元人民币，其中，最高年份的自由现金流达到 308.14 亿元人民币。

2009 年 7 月，该公司原董事长因受贿罪获刑，涉及的不合理职务消费问题也暴露出来。该董事长任职期间，平均每天的职务消费高达 4 万元。他和上门求见的一家公司负责人面谈 40 分钟，即拍板做出 B 公司出资 2 亿元入股对方公司的决策。2004—2006 年，B 公司赞助上海 F1 大奖赛，每年出资 2000 万美元，三年总共花费超过 6000 万美元。[②]

这些案例告诉我们，公司不合理地过多持有 FCF，往往是治理出问题的信号。这些情况出现，可能意味着管理层的经营管理权与股东的监督控制权失去了必要平衡，在股权集中度、董事会规模、独立董事比例、两职合一情况、高管持股、机构投资者持股等公司治理指标上可能存在突出问题。对此，估值人员应当树立明确的问

① 刘银国，张琛：《自由现金流代理成本假说检验——基于中国上市公司的实证研究》，经济科学出版社 2015 年版，第 250—253 页。

② 刘银国，张琛：《自由现金流代理成本假说检验——基于中国上市公司的实证研究》，经济科学出版社 2015 年版，第 252—258 页。

题意识，并据此对估值结果进行定性把握。

功夫在表外

诗人陆游在教儿子写作时，将其毕生绝学总结成一首小诗，这首教学诗的最后两句写道："汝果欲学诗，工夫在诗外。"陆游的意思很明白，前面说的那些技巧，都是一般性的常规途径，真想进阶为大师，必须跳出修辞学的专业方法，到诗词以外的真实世界中，探索思想的源头活水。陆游的体悟在估值活动中同样适用，眼光局限于表内资产的常规估值方法，只能收获常规量级的回报，若想抓住黑马，捕获大量级的投资收益，就得在表外资产上下足功夫。

表外和表内的区分，根源于会计规则和技术的局限性。对于企业来说，能够为其创造价值的东西都属于资产。但是，有些资产是可以会计化的，比如企业的资金、土地、厂房、设备、原材料、专利技术等，可以依据一定的会计方法，将其价值折算为统一数量的货币。

但是，另外一些资源却无法货币化。比如，公司的优秀企业文化、先进制度、有效的市场渠道、良好的公共关系、超前的专业技术等。这些因为计量技术规范的原因不能进入财务报表的资产，就被称为表外资产。

表外资产属于企业资产的重要组成部分，这些东西能够为企业创造价值，而且，在特定情况下，表外资产往往是促成企业爆发式增长的直接原因。但因为表外资产无法进入财务报表，这些重要的利润增长趋势，却不能被传统估值方法所捕捉。

比如，战略合作关系可以构成公司核心竞争力。《会计的没落与复兴》一书作者在与某知名制药公司首席财务官调研访谈时获知，该公司建立的数以百计的战略联盟和合资企业，对公司收入的助益非常大。但是，“公司的财务报告对这些战略联盟只字未提，利润表上既没有任何有关这些合资企业所带来的收入或成本节约方面的信息，也没有任何有关这些活动的成本信息”①。

根据《会计的没落与复兴》一书研究，1977—2012年的近40年期间，美国公司实务资产的投资比重下降了35%，无形资产投资比重则增长了60%。因为会计规则的僵化，无形资产要么无法进入资产报表，要么无法在财务报表中得到正确呈现，因此会对传统估值结果造成显著扭曲。这一趋势在全球范围大体一致。

新能源汽车特斯拉的估值，为此提供了一个典型案例。

特斯拉（TESLA）电动汽车利用互联网思维创新造车理念，提出要将新能源汽车特斯拉打造成“会移动的电脑终端”。公司专注技术研发，在发动机、传动器和冷却系统等领域成功实现工程再造；在电动汽车的核心技术“三电”（电池、电机和电控）方面取得自主知识产权。

2010年6月29日，特斯拉在美国纳斯达克上市，以每股17美元的发行价，向投资人募集资金1.84亿美元。十年后的2020年6月29日，特斯拉的股价飙升至1009.35美元，10年翻了近60倍，市值高达1872亿美元。2020年12月31日，特斯拉的市值到达6774亿美元的高位，而在同期全球十大传统车企市值的总和也不过7086亿美元。

综观特斯拉的上市表现，除了2016年略有回调，其股价几乎是一路高歌凯进。但是这样一只优质的明星股票，其财报却长期被赤

① 〔美〕巴鲁克·列夫，谷丰著：《会计的没落与复兴》，方军雄译，北京大学出版社2018年版，第114页。

字占据，税后利润直到 2019 年仍然为负数。自由现金流也是一路红灯亮到 2018 年，仅在 2013 年略微持平。

表 5-1　特斯拉公司 2006—2020 年财务状况明细表（单位：亿美元）

年份	营业收入	税后利润	经营活动	投资活动	自由现金流	股价涨幅 %
2006	0	−0.30	−0.03	−0.07	−0.10	
2007	0	−0.78	−0.53	−0.10	−0.63	
2008	0.15	−0.83	−0.52	−0.12	−0.64	
2009	1.12	−0.56	−0.81	−0.14	−0.95	
2010	1.17	−1.54	−1.28	−1.80	−3.08	11.48
2011	2.04	−2.54	−1.28	−1.62	−2.90	7.18
2012	4.13	−3.96	−2.64	−2.07	−4.71	19.35
2013	20.13	−0.74	2.65	−2.49	0.16	331.81
2014	31.98	−2.94	−0.57	−9.90	−10.47	41.13
2015	40.46	−8.89	−5.24	−16.74	−21.98	7.47
2016	70.00	−7.73	−1.24	−10.81	−12.05	−10.01
2017	117.59	−22.41	−0.61	−41.96	−42.57	49.55
2018	214.61	−10.63	20.98	−23.37	−2.39	6.86
2019	245.78	−7.75	24.05	−14.36	9.69	25.72
2020	315.36	8.62	59.43	−31.32	28.11	681.05

数据来源：雪球 App，截至 2021 年 9 月 30 日[①]

如果投资人运用经典的 DCF 模型，对特斯拉在 2010 年之后 5 至 8 年的价值进行估测，无论 WACC 如何取值，都很难避免其结果为负值的悖论。在这种估值方法指导下，市场对特斯拉的反应应当

① 转引自王培，郑建彪：《数字经济时代 DCF 的失灵与估值重构》，《财务管理》，2022 年第 2 期。

是“跌跌不休”才对。[①] 然而，事实胜于雄辩，市场却给出了截然相反的评价。为什么会这样？秘密就藏在表外资产里。

特斯拉作为新能源汽车的领头羊，高度符合前文提到的 ESG 超级价值发现逻辑。新能源汽车的核心优势在于其对碳约束的主动适应，面向能源转型的新经济体系，全球汽车市场都面临新能源车转型替代的颠覆性变革，特斯拉电动汽车研发、设计、生产和销售方面的超前理念，必将从概念、技术和标准等维度，全面引领全球汽车产业发展。这一强大竞争优势激发的想象空间，才是市场给出超级溢价的依据所在。

这些内容只是对未来发展的预测，无法根据现有会计原则进入财务报表。如果说财务报表中存在着某些蛛丝马迹的话，那就是研发投入造成的财务赤字。显然，正确理解这些赤字的关键，并不在于简单的数学计算，而在于运用 ESG 理念翻转我们的认知视角，把赤字看作业绩，充分认识到这些赤字其实代表的是一份正在形成的表外资产。

估测 ESG 表外资产，重点要关注其战略管理。理论上，观察公司的战略过程有五个操作性维度，学术界将其总结为“5P 战略”，分别是规划（Plan）、策略（Policy）、模式（Pattern）、定位（Position）和视角（Perspective）[②]，从战略发展上纳入 ESG，正在成为一种全球趋势。比如，在 G20 金融稳定委员会提出的《气候相关财务信息披露工作组建议报告》（TCFD 框架）中，发展战略与公司治理、风险管理和指标体系一起，被视为气候相关财务信息披露的四大模块。

---

① 王培，郑建彪：《数字经济时代 DCF 的失灵与估值重构》，《财务管理》，2022 年第 2 期。

② 亨利・明茨伯格：“5P 战略”，约瑟夫・兰佩尔，亨利・明茨伯格等著：《战略过程》，耿帅、黎根红等译，机械工业出版社 2021 年版，第 2—10 页。

从战略规划、行动策略、商业模式、产品定位和企业价值观等角度深入理解公开披露的ESG信息，识别出其中蕴含的战略优势，并用合理的外部市场框架估测其商业价值——这就是ESG投资善于逮“大鱼”的秘诀所在。

这种估值方法与传统方法相比有三个明显区别。

其一，这种估值方法的出发点和落脚点都是公司战略，其获益必然也是战略级别的。如果说传统方法是战术估值，这种方法就是战略估值。

其二，这种估值方法的要点在于对ESG大趋势的前瞻性理解，而不是局限于企业内部财务框架的精明计算。如果说传统方法是算术变现，这种方法就是综合认知的变现。

其三，这种估值方法不宜形成精确的估测数字，其深意正是要用“模糊的正确”克服“精确的错误”。如果说传统方法用的是精确数学，这种方法用的就是模糊数学。

可持续性因子

从“组合”到“因子”——量化投资基本原理

1952 年 3 月，哈里·M. 马科维茨发表论文《投资组合选择》，提出现代投资组合理论（Modern Portfolio Theory，MPT），从此开启现代意义上的量化证券投资。在那之前，职业投资者们的方法，也和今天绝大多数散户差不多——只能从收益率单一视角考虑投资决策，无法将风险因素定量地吸纳到决策模型中来。

马科维茨解决问题的关键，要从“组合”二字说起。说到“组合”，不禁想起一桩历史轶事。据说，明末文学评论家金圣叹临刑之际，郑重其事留给儿子的遗言，竟是句家常话。他说：花生米和豆腐干同嚼，能吃出火腿的美味。马科维茨那篇奠基性的文章，与此颇有异曲同工之妙。他说：单独一只证券不好吃，把众多证券打包在一起的资产组合才好吃。而且，这种裹在一起的资产卷，“是投资中唯一的免费午餐”。

其间蕴含的道理，其实就是投资者耳熟能详的那句话：“鸡蛋不能放在一个篮子里。”转换成金融学术语言就是说，多元分散的资产组合，能够降低投资风险，提高资产组合的有效性。马科维茨的历史性贡献在于，他在数学严格性水平上证明了这个原则。

马科维茨指出，投资决策须综合考虑两个变量：收益与风险。它们对应到数学模型中，就是投资对象的期望收益率 $E(r)$ 及其方差 $V(r)$。在概率论中，数学期望被定义为随机变量全部可能结果的加权平均数，即其均值。根据大数原理，虽然随机变量每次的取值存在波动，但从长远看，其算术平均数必将收敛到这个期望值上，因此，这个值代表了投资人对投资回报所应当抱持的理性期待。

方差的全称为概率分布的平方差，这也是个平均数，它被定义为随机变量所有可能结果与均值之差再平方之后的加权平均数。方差用数学符号 σ^2 表示，根据需要，有时也用方差的开平方——标准差 σ 表示风险。这个统计量反映了随机变量的实际取值相对于均值的偏离程度。在现实风险投资活动中，方差可以被理解为投资人期望落空的可能性程度，也就是投资人相对于自己的理性期望所承担的风险。

假设某项随机变化的资产，在不同情况下的收益率及其所对应的概率分别为 r_i 和 p_i，可以得到期望收益率和方差的公式：

期望收益率：$E(r)=\sum_{i=1}^{n} p_i r_i$

方差：$V(r)=\sum_{i=1}^{n} p_i [r_i - E(r)]^2$

MPT 的核心思想，就建立在这两个变量之上。马科维茨在综合考虑期望收益率 $E(r)$ 及其方差 $V(r)$ 的条件下，为资产组合的最优化提供了一个“E–V”法则：如果给定期望收益率 $E(r)$，就应当最小化方差 $V(r)$；反之，如果给定方差 $V(r)$，就要最大化期望收益率 $E(r)$。

这个“*E-V*”法则，就是量化投资理论大厦的第一块砖。

下图通俗地解释了资产组合原理。假设 A 是一项未经 MPT 方法优化过的组合资产，按照马科维茨的说法，也可将其称为无效（或低效）资产。用同样价格可以在 A 资产组合的上方，构造一个资产组合 C。比较可知，C 与 A 承受的风险相同，但是期望收益率却大于 A。在同等风险厌恶水平上，投资人应当购买 C 而非 A。同理，用相同价格也可以在 A 资产组合的左方，构造一个资产组合 B。显而易见，B 与 A 的预期收益是一样的，但比 A 承担的风险小，这表明，在同等的收益率预期下，投资人应当购买 B 而非 A。所以说，未经 MPT 优化过的 A 是个无效的资产组合，没有投资人愿意为之掏钱，它的名字就不该出现在投资人的菜单里。所有有效的资产组合，都集中在过 B、C 的那条曲线上，这条线被马科维茨称为有效边界。[①]

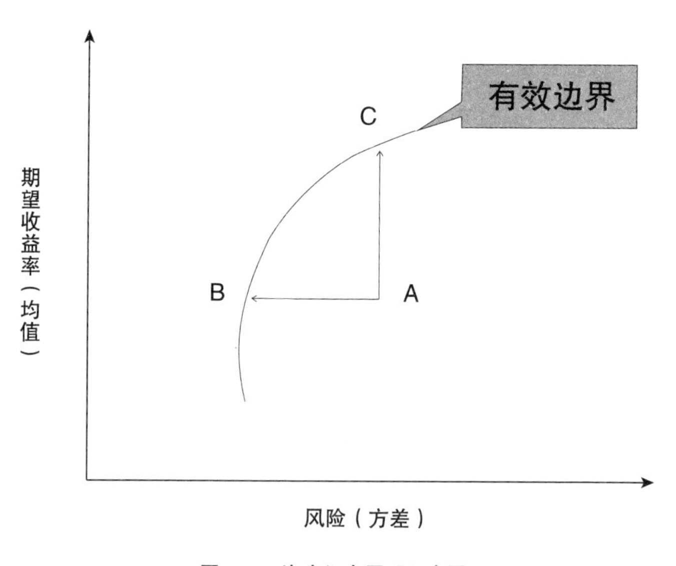

图 5-1　资产组合原理示意图

① Markowitz H M . Portfolio selection[J]. The Journal of Finance, 1952, 7(1):77.

马科维茨的 MPT 理论，打开了投资分析的量化之门，在此基础上，威廉·夏普、约翰·林特纳和简·莫辛等人相继提出了资本资产定价模型（Capital Asset Pricing Model，CAPM），进一步推进量化投资理论。

CAPM 模型接着马科维茨的话茬往下讲。“*E–V*”分析法好是好，但是期望收益率 E 和方差 V 是作为两个互为约束条件的变量来考虑的，有没有可能把这两个组件焊到一块儿，打造成一体化的分析框架呢？

CAPM 模型对这个问题做出了回答。当然，答案是肯定的。经过一番数学演算，CAPM 模型得出两个公式，一个叫作资本市场线（Capital Market Line，CML），另一个叫作证券市场线（Security Market Line，SML）。

资本市场线（CML）的表达式如下：

$$\overline{R}_e = R_f + \frac{\overline{R}_M - R_f}{\sigma_M} \bullet \sigma_e$$

其中，e 表示所有有效的资产组合，M 表示市场全部资产的组合，f 表示无风险资产。相应地，$\overline{R}_e$表示有效资产组合的期待收益率，$\overline{R}_M$表示市场组合的期待收益率，R_f表示无风险收益率，σ_e表示有效资产组合的标准差，σ_M表示市场组合的标准差。

分析可知，$\overline{R}_M - R_f$为市场组合的期待收益率中剔除无风险收益率的部分，也就是市场整体能够带来的超额收益率；$\frac{\overline{R}_M - R_f}{\sigma_M}$表示平均一份市场风险所代表的单位超额收益率，将其与有效资产组合的风险总量σ_e相乘，就得出了有效的资产组合 e 所能得到的超额收益率。

对应到投资活动的实际场景来看，R_f通常是个给定的量，比如国库券的利息率或者银行的基准利率。$\overline{R}_M$和σ_M是将市场全部资产视为一个资产包而从中得出的参数，一般可以看作大盘的相关指数，因此也应当被视为给定的变量。这样一来，决定有效资产组合期待收益率$\overline{R}_e$的唯一变量就落到有效资产组合的风险，即其标准差σ_e上面。也就是说，有效资产组合的期待收益率$\overline{R}_e$，本质上是由其方差σ_e，即其风险敞口所决定的，二者存在数学上的线性因果关系。这就完美实现了我们之前提出的任务，将期望收益率$E(r)$及其方差$V(r)$焊接到一个框架上。矛与戈合成戟，量化投资的兵器库升级了。

证券市场线（SML）是对资本市场线的一般性扩展。SML 舍弃了有效资产组合设定，用证券市场的一般性资产组合期待收益率$\overline{R}_i$，替代有效资产组合收益率$\overline{R}_e$。也就是说，证券市场线不是单就有效资产组合来说的，而是针对任何资产组合，既包括有效资产组合，又包括无效资产组合，当然也包括单个证券这种特殊组合，无论是哪一种组合，其收益率都与一个系数β_i线性相关。证券市场线（SML）的表达式如下：

$$\overline{R}_i = R_f + \left(\overline{R}_M - R_f\right) \cdot \beta_i$$

可见，这里的情况与资本市场线一样，$\overline{R}_M$和R_f都可视为外部给定的变量。$\overline{R}_i$的命运，被唯一地、牢牢地攥在β_i手中。那么，这个β_i又是何方神圣呢?

经典投资学教材是这样解释β_i的："β 系数衡量股票收益率对市场组合收益率变动的反映程度。准确地讲，β 系数就是证券收益与市场组合收益率之间的回归（斜率）系数，反映了股票收益率对整个证券市场变动的敏感度。”[1]

β浓缩了 CAPM 理论的重要思想贡献。这是一个深刻而简洁的洞见，它将股票运动的复杂致因关系，归纳到β这一个点上。根据资产组合理论，单只股票的特性风险可以用分散持股的方法消除掉。投资组合获得收益的可能性，实际上就只有市场组合的系统风险这一个单一来源。组合的收益率，决定于其对于系统风险的暴露程度。因此，投资人的主要精力应当放在β所指向的系统性风险上。这个观点为被动基金发展提供了理论指导。

CAPM 化繁为简地突出强调β，成为该理论的显著优势，令人印象深刻。但与此同时，解释变量的单一性，也不可避免地损害到模型的现实适用性。在实际应用过程中，人们发现，系统性风险并非只有市场组合这一个来源。事实上，宏观经济变化、公司规模、市值大小、价值低估、上涨动量这些因素都可以从市场因素中分离出来，对资产组合收益造成显著影响。

面对这个问题，斯蒂芬·罗斯放宽了 CAPM 的前提假设，从有效市场的无套利原则出发，重新推导资产收益率与β的线性方程式。罗斯的成果被称为套利定价模型（Arbitrage Pricing Theory，APT）。与 CAPM 模型的一个重要区别在于，罗斯的假设中，不需要市场均衡这个条件，因此，APT 可以兼容多个系统风险变量。这些系统性变量也拥有了一个新的名字——因子。

APT 多因子公式：

$$E(R_i)=r_f+[E(\delta_1)-r_f]\cdot\beta_{i1}+[E(\delta_2)-r_f]\cdot\beta_{i2}+\ldots+[E(\delta_k)-r_f]\cdot\beta_{ik}$$

其中，R_i是证券 i 的收益率，r_f是无风险收益率，δ_k是 k 个因子

① 兹维·博迪，亚历克斯·凯恩，艾伦·J. 马科斯著：《投资学精要（上册）》，陈雨露校，初晨、谢蕊莲、胡波译，中国人民大学出版社 2010 年版，第 223 页。

的收益率，β_{ik}是证券 i 对这 k 个因子收益率 δ_k的敏感系数。

比较来说，如果仅对系统风险变量β来看，CAPM 模型像一个西瓜，而 APT 模型则像一串葡萄。虽然二者长相差距很大，但是原理却是相通的。如果把 APT 模型的因子限定为一个，它就会变回 CAPM 模型的样子。

从应用层面看，如果说 CAPM 模型的历史贡献是发明了β概念，APT 模型的突出成就则在于，把单个β发展成为一系列因子。根据 APT 的定义，如果大量资产集体暴露出某些具有共性特征的风险，并能驱动实现收益率补偿，我们就可以把这个共性特征称为因子。这些风险因子共同构成此类资产的收益来源。

从单一的市场组合到多因子组合，背后体现了重要的方法论进化。单一市场组合加权组合资产的唯一依据是其市值占比，这种方法被称为市值加权法；而多因子组合的关键创新点在于，除市值因素之外，将规模、价值、波动率、动量等更多因素判定为系统性特征，以这些非市值因素作为加权依据，发展出一系列的非市值加权方法。运用因子投资的非市值加权法，通过透明、基于规则或量化方法进行投资的策略，体现了对β系数的优化，因此也被称为 Smart Beta 策略。

总体来说，量化投资是投资活动在数学方向上取得的重要发展成果，这方面的内容虽然丰富多彩，但其原创性的思想来源无外乎 MPT、CAPM 和 APT 三大理论模型。ESG 作为一种新型投资模式，在量化方面的渗透，主要体现为 ESG 指数投资和 ESG 因子投资两种模式。在下面三个小节中，我们将用上述理论模型提供的分析框架，具体考察 ESG 量化投资在可持续性方面展现出的独特优势。

ESG 是对可持续性特征的因子化

量化投资语境下的因子，首先是个数学概念，也就是说，因子的呈现形式必须是数据化的，是可以在数学规则下展开统计分析的指标。对传统投资分析所针对的财务数据来说，这个条件是天然满足的，就此来说，甚至很少有人在这里意识到问题。但是，当我们把分析的视角转移到 ESG 所代表的非财务数据上时，困难就凸显出来了。

前文分析 ESG 估值时，曾提出“功夫在表外”的观点，即 ESG 数据的核心部分关注的是财务报表之外的内容。这些内容大多属于定性描述，具有“0”“1”二值数字逻辑的台阶性特征，无法在因子模型中进行连续性运算。即便有些指标是数字化的，也常常会因为标准不一、量纲不同，无法贯通使用。

ESG 评分机制为这个问题提供了解决方案。评分体系建构分两个步骤。第一步为张网，即根据大类特征对 ESG 的关注点进行指标分解，将 ESG 所代表的可持续发展理念，转换成一张能对公司可持续特征进行定性扫描的指标结构网络。第二步为合网，即通过数字转换和数学运算，将众多指标参数进行汇总，收敛到少数几个终端指标上，从而完成对定性特征的数学概括。经过评分程序输出的 ESG 数据，就如同 PB、PE 和 DCF 等数据那样，可以据此建立量化投资模型了。

举例来看，中证 ESG 评分体系通过 3 个维度 14 个主题，建立了具有 180 多个分项的指标体系，最后再以统一的标准和量纲对数据进行统计汇总，创造出可以量化使用的投资因子。

显然，依靠评分机制输出的 ESG 数据，与 PB、PE 和 DCF 等常用的量化因子相比，存在重要的区别。除了财务数据与非财务数据的区分之外，还有一个重要的不同之处在于，相对于收益率和风险这个投资的核心考虑来说，ESG 数据是间接性的、标签性的，是一种带有外部评价性质的赋值数据。由此带来的问题就是，ESG 数据的解释能力需要进一步的统计检验。

中证指数公司相关研究将沪深 300 样本股 ESG 评分由高到低分成五组 ESG1—ESG5，分组比对后发现，ESG 组合在流动性、波动率和 Beta 等风险类因子上具有较高的反向敞口，而在规模、杠杆和成长性等具有可持续性质的因子上，具有显著的正向敞口。这说明，ESG 评分分值可以有效筛选出偏向大市值、高成长、低波动和低换手率的可持续性公司，从而降低整个投资组合的系统性风险。

在另外一项数据比对分析中，中证指数公司从 ESG 角度对 2017 年 6 月至 2019 年 12 月期间沪深 300 空间的股票进行实证分析，以其 ESG 评价得分为标准，从高到低将其分为 5 组，ESG1 为得分最高组，ESG5 为得分最低组，得出 ESG 分值与累计收益正相关、与年化波动率负相关的结论。

中证指数对影响机构投资者选择 Smart ESG 的因素做了调查，发现 78% 的机构投资者，最看重的因素是 ESG 在规避长期风险方面的显著优势。这个调查结果与上述统计分析的结论是相互印证的。[①]

ESG 指数投资

1970 年，尤金·法玛（Eugene Fama）提出有效市场理论（Efficient Markets Hypothesis，EMH），认为有效市场中，股票价格能够及

① 中证官方研究报告：《当 ESG 遇上 smart beta》，https://csi-web-dev.oss-cn-shanghai-finance-1-pub.aliyuncs.com/static/html/csindex/public/uploads/researches/files/zh_CN/research_c_1747.pdf

时、充分地反映全部市场信息。根据市场反映信息的程度，可以将市场划分弱有效、半强有效和强有效三个类型。

弱有效市场假设，股价已经反映了市场交易中所有的历史数据信息。因此，所有对个股的历史收益率、价格波动等数据的量化分析，都不可能贡献新的有效认知，也就是说，在此基础上建立的投资策略都是没有意义的。

半强有效市场假设，在弱有效市场基础上，所有与公司发展前景相关的公开信息，也已经反映到当前股价之中。因此，即便投资分析进一步吸纳了这些新的公开信息，仍然不起作用。

强有效市场假设，股价不仅反映了全部的公开信息，甚至通过某种机制纳入了管理层掌握的内幕信息，在这种极端情况下，任何所谓的股票投资分析，都将是徒劳无获的。

EMH 和 CAPM 理论共同解释了投资实践中一个重要现象：绝大多数主动投资者的业绩，都无法跑赢市场指数。这正是指数投资在理论上的优越性所在。

但是，随着指数投资实践深入发展，越来越多的市场异象引发人们关注，在 APT、行为金融等理论指导下，发掘并运用多系统因子优化β系数的方法，成为指数投资的主流发展趋势。ESG 也不可避免地成为指数开发的一个重要资源。

作为国内证券指数研发的权威机构，中证指数公司持续推出系列 ESG 指数，先后开发了 300 ESG、300 ESG 领先、ESG 120 策略、华夏银行 ESG、300 ESG 价值、兴业证券 ESG 盈利 100、沪深 300 ESG 债券、沪深 300 ESG 信用债、500 ESG、500 ESG 领先、800 ESG 领先、500 ESG 价值、800 ESG 价值、800 ESG 债券、800 ESG 信用债等 15 个 ESG 指数，从 ESG 基准、领先、策略、主题和信用债等多个维度，为 ESG 指数投资市场提供了多元化选择。

表 5-2 ESG 基准指数和相应指数年内表现（数据截至：2022 年 4 月 1 日）

指数代码	指数简称	年内涨幅 /%	ESG 指数超额收益率 /%
000300.SH	沪深 300	-13.445	0.796
931463.CSI	300ESG	-12.649	
000905.SH	中证 500	-13.519	3.404
931648.CSI	500ESG	-10.114	
000016.SH	上证 50	-10.111	0.198
950223.CSI	50ESG	-9.913	
000010.SH	上证 180	-10.312	0.132
950224.CSI	180ESG 基准	-10.180	
000009.SH	上证 380	-12.548	1.000
950225.CSI	380ESG	-11.548	

数据来源：Wind、《证券时报》、市调机构 CMR[①]

截至目前，中证 ESG 等基准指数整体表现出色，仅从沪深 300ESG 等五个基准指数 2022 年 4 月的年内数据来看，5 个指数全部跑赢母指数。

从债券指数来看，ESG 的优势也是显著的。中证 800ESG 信用债指数与沪深 300ESG 信用债指数，2017—2021 年累计收益率分别为 1.56% 和 2.37%，分别高出母指数 2.26 和 2.99 个百分点。

表 5-3 ESG 投资优势(债券指数优势)

	中证 800 信用债 /%	中证 800ESG 信用债 /%	沪深 300 信用债 /%	沪深 300ESG 信用债 /%
2017 年	-1.61	-1.63	-1.70	-1.86
2018 年	2.27	3.00	2.67	3.63

① 转引自《证券时报》:《ESG 双周报：沪深 300 等 5 条 ESG 基准指数年内均获超额收益》，https://baijiahao.baidu.com/s?id=1729388725425308183&wfr=spider&for=pc

（续表）

	中证 800 信用债 /%	中证 800ESG 信用债 /%	沪深 300 信用债 /%	沪深 300ESG 信用债 /%
2019 年	–0.14	0.87	–0.27	0.83
2020 年	–1.55	–1.24	–1.51	–1.22
2021 年	–0.36	–0.18	–0.52	0.25
累计收益率	–0.70	1.56	–0.62	2.37
年化收益率	–0.18	0.40	–0.16	0.61

数据来源：中证指数有限公司研报:《债券 ESG 与指数化投资》

ESG 对指数的可持续性优化，主要方式是运用 ESG 评分调整市值加权，这也是目前国内外 ESG 指数编制的主流模式。MSCI 中国 A 股 ESG 通用指数的编制过程，为我们展示了如何运用 ESG 加权，将可持续性因素渗透到指数中的具体方法，相关情况如下：

总体上看，编制工作的核心任务可分解为三个主要步骤：一是从“母指数”中剔除 ESG 表现最弱的成分股；二是利用 ESG 评级打分体系构建 ESG 加权因子；三是利用 ESG 加权因子调整自由流通市值权重，得到最终的 ESG 指数。

在第一个步骤中，编制人员要从母指数中排除一些弱 ESG 表现的成分股，由此得到新的可投资股票池。排除的依据有如下三个方面：

第一，没有得到评级的公司。这类公司包含两种情况，一种是缺少争议事件评分，即 MSCI ESG Research 未对其进行 MSCI ESG 争议事件评分评估的公司；另一种是缺少 ESG 评级，即 MSCI ESG Research 未对其进行 ESG 评级的公司。

第二，在过去三年中，ESG 争议事件评分为 0 的公司。

第三，参与争议性武器业务的公司，包括集束弹药、地雷、贫铀武器、生物 / 化学武器、致盲激光器、无法探测的碎片和燃烧武器等专门定义的武器类型。

经过第一个步骤，初步获得了一个区别于母指数的新的股票资产池。在第二个步骤中，编制人员要运用既定的 ESG 评分体系，对每一只股票进行打分，其公式为：合计 ESG 得分 = ESG 评级得分 × ESG 趋势得分。

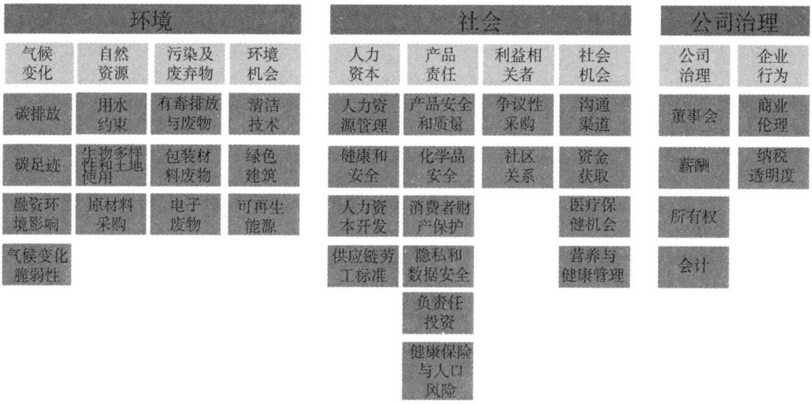

- 环境
  - 气候变化：碳排放；碳足迹；融资环境影响；气候变化脆弱性
  - 自然资源：用水约束；生物多样性和土地使用；原材料采购
  - 污染及废弃物：有毒排放与废物；包装材料废物；电子废物
  - 环境机会：清洁技术；绿色建筑；可再生能源
- 社会
  - 人力资本：人力资源管理；健康和安全；人力资本开发；供应链劳工标准
  - 产品责任：产品安全和质量；化学品安全；消费者财产保护；隐私和数据安全；负责任投资；健康保险与人口风险
  - 利益相关者：争议性采购；社区关系
  - 社会机会：沟通渠道；资金获取；医疗保健机会；营养与健康管理
- 公司治理
  - 公司治理：董事会；薪酬；所有权；会计
  - 企业行为：商业伦理；纳税透明度

图 5-2　MSCI ESG 评分关键指标体系

数据来源：MSCI 官方网站

依据 MSCI ESG 评级，每家公司会按照下述体例获得一个 ESG 评级得分，其格式如下：

表 5-4　ESG 评级得分

评级级别	ESG 评级	ESG 类别	ESG 评级得分
1	AAA	领先	2
2	AA		2
3	A	中立	1
4	BBB		1
5	BB		1

（续表）

评级级别	ESG 评级	ESG 类别	ESG 评级得分
6	B	落后	0.5
7	CCC		0.5

有了评级之后，根据与上年评级相比变化的情况，每家公司还将获得一个 ESG 趋势得分，其评分机制如下：

表 5-5　ESG 趋势得分

趋势级别	ESG 评级趋势	ESG 评级趋势得分
1	上调	1.25
2	中立	1
3	下调	0.75

ESG 评级趋势评定规则：

第一，若公司最新的 ESG 评级较前一次的评级至少提高了一个等级，就被评定为“上调”。

第二，若公司最新的 ESG 评级与前一次评估的 ESG 评级保持一致，或 MSCI ESG Research 首次覆盖该公司，就被评定为“中立”。

第三，若公司最新的 ESG 评级较前一次的评级至少下降了一个等级，就被评定为“下调”。

对极端情况的公司，评分体系设有技术性的得分限制，确保最终的合计 ESG 得分落在合理区间。

最后一个步骤就是利用 ESG 评分，对股票组合的权重进行调整，公式为：证券权重 = 合计 ESG 得分 × 母指数中的市值权重 ×100%。

为降低集中度风险，成分股的权重根据上市公司级别设定上限，具体规定如下：

第一，基于宽型母指数的指数的上市公司上限为 5%。

第二，基于窄型母指数的指数的上市公司将以母指数中的最大权重为上限（窄型母指数是指母指数中最大市值权重超过 10% 的指数）。

编制人员按照上述程序定期对指数进行调整，在调整期间，如果发生“新证券纳入”“资产拆分”“合并与收购”“证券特征变动”等公司事件，也会按照相应规则进行调整处理。[①]（见附录）

依据上述规则，运用 2022 年 2 月份数据得出的成分股情况如下：

编制人员用 MSCI FaCS 方法对该指数进行因子分析，结果显示：资产组合在收益率因子和低波动因子上存在超配，在价值因子、小市值因子、动能因子和质量因子方面存在低配，尤其是在小市值因子和动能因子上低配程度较高。

从行业分布来看，金融、信息技术等行业占比靠前，具体分布情况如下：金融 24.09%，信息技术 14.18%，工业 14.06%，日常消费品 12.89%，医疗保健 11.02%，原材料 9.36%，非日常生活消费品 7.23%，房地产 2.48%，公用事业 1.71%，能源 1.51%，通信业务 1.46%。[②]

这些特征印证了 ESG 降低组合波动风险、提升可持续性能的理论预期。

“华宝 MSCI 中国 A 股国际通 ESG 通用指数证券投资基金（LOF）”是一个成功运用 MSCI ESG 通用指数构建投资组合的案例。[③] 相关情

---

① 《MSCI ESG 通用指数方法论》，详见官方网站 MSCI，https://www.msci.com/documents/1296102/23046049/MSCI-ESG-Universal-Indexes-Methodology-Dec2019.pdf

② MSCI 官网：中国 A 股人民币 ESG 通用指数 (721638) 简介，https://www.msci.com/documents/1296102/23046049/msci-china-a-rmb-esg-universal-index-cny-price-ZH-CN.pdf

③ 《华宝 MSCI 中国 A 股国际通 ESG 通用指数证券投资基金（LOF）招募说明书》和《华宝 MSCI 中国 A 股国际通 ESG 通用指数证券投资基金（LOF）2021 年年度报告》两个基金公司公开文件。https://pdf.dfcfw.com/pdf/H2_AN201907161338721026_1.pdf?1647708470000.pdf；https://pdf.dfcfw.com/pdf/H2_AN202203311556273943_1.pdf?1648736460000.pdf

况如下：

表 5-6　华宝 MSCI 中国 A 股国际通 ESG 通用指数证券投资基金简介

基金名称	LOF	
基金简称	华宝 MSCI ESG 指数	
场内简称	ESG 基金 LOF	
基金主代码	501086	
基金运作方式	上市契约型开放式（LOF）	
基金合同生效日	2019 年 8 月 21 日	
基金管理人	华宝基金管理有限公司	
基金托管人	中国工商银行股份有限公司	
报告期末基金份额总额	26063567.79 份	
基金合同存续期	不定期	
基金份额上市的证券交易所	上海证券交易所	
上市日期	2019 年 9 月 12 日	
下属分级基金的基金简称	华宝 ESG 基金 LOF 指数	华宝 MSCI 中国 A 股国际通 ESG 指数（LOF）C
下属分级基金的场内简称	ESG 基金 LOF	
下属分级基金的交易代码	501086	012811
报告期末下属分级基金的份额总额	25979620.20 份	83947.59 份

根据招募说明书，华宝 ESG 基金 LOF 的投资目标是：紧密跟踪标的指数“MSCI 中国 A 股国际通 ESG 通用指数”[①]，追求跟踪偏离度和跟踪误差最小化。正常情况下，力争控制净值增长率与业绩比较基准之间的日均跟踪偏离度的绝对值不超过 0.35%，年化跟踪误差不超过 4%。

---

① 参看附录：《MSCI 中国 A 股人民币 ESG 通用指数》。

MSCI ESG通用指数旨在反映以下投资策略的表现：根据特定ESG指标重新调整自由流通市值权重，寻求增持表现出稳健ESG概况以及ESG概况积极改善的公司，同时寻求在最低限度内剔除母指数的成分股。

华宝ESG基金LOF在组合复制方面主要采取如下两个策略：

1）组合复制策略

主要采取完全复制法，即按照标的指数成分股及其权重构建基金的股票投资组合，并根据标的指数成分股及其权重的变动对股票投资组合进行相应的调整。

2）替代性策略

对于出现市场流动性不足、因法律法规原因个别成分股被限制投资等情况，导致本基金无法获得足够数量的股票时，基金管理人将通过投资成分股、非成分股、成分股个股衍生品等进行替代。

华宝ESG基金LOF的标的指数和业绩比较基准如下：

标的指数为MSCI中国A股国际通ESG通用指数。业绩比较基准为MSCI中国A股国际通ESG通用指数收益率×95%＋人民币银行活期存款利率（税后）×5%。

2021年年报显示，报告期内，该指数基金取得了51.98%的累计收益率。被动基金选股策略是完全透明的，有兴趣的读者可以根据华宝ESG基金年报披露的持股信息进行跟踪研究。

ESG因子投资

指数基金虽好，但投资者挑战市场的激情永远不会熄灭，这也正是资本市场的人性特征所在。

因子选股方法的提出，顺应了这种主动投资需求。因子投资同时兼具被动投资与主动投资两者的独特优势。一方面，因子投资脱胎于盯住β的传统组合策略，技术上是对被动指数投资方法的扩展性运用，是将一个β扩展为多个β的过程。另一方面，多因子的出现，推动了市值加权与非市值加权的方法论融合，松动了投资组合对市值结构的被动依赖，因此体现出积极投资的特性。

在专业定义之下，可以被挖掘出来当作“因子”的系统性特征，须满足两个必要条件：第一，因子驱动了资产收益率的共同运动（co-movement），因此，因子一定和资产收益率的协方差矩阵有关；第二，从长期来看，因子是可以获得正收益的，这意味着因子必须是被定价的。[①]

从系统性角度理解因子，可以参考中国哲学中“月印万川”的比喻。夜晚时分，明月高悬，大地上千千万万条江河湖泊中的月影，无非都是同一个主体的镜像，因此，把握住月亮本体的阴晴圆缺，就能预测出每一幅江月图的盈亏变化。从个股特性角度理解因子，就好比人体生长所需要的各种营养物质，有人吃钙片、有人食维C、有人喝蛋白粉，从各自角度看，吃进去的都是促进身体健康的有益成分。

1993年，法玛（Fama）和弗朗齐（French）在CAPM模型的基础上，添加价值因子（High-Minus-low，HML）和规模因子（Small-Minus-Big，SMB），提出Fama-French三因子模型：

$$E(R_i)-R_f=\beta_{i,\mathrm{MKT}}(E[R_M]-R_f)+\beta_{i,\mathrm{SMB}}E[R_{\mathrm{SMB}}]+\beta_{i,\mathrm{HML}}E[R_{\mathrm{HML}}]$$

---

① 石川，刘洋溢，连祥斌：《因子投资：方法与实践》，电子工业出版社2020年版，第4页。

1997 年，卡哈特（Carhart）在 Fama–French 三因子模型中又添加了截面动量因子（MOM），进一步提出 Carhart 四因子模型：

$$E(R_i)-R_f=\beta_{i,\mathrm{MKT}}(E[R_M]-R_f)+\beta_{i,\mathrm{SMB}}E[R_{\mathrm{SMB}}]+\beta_{i,\ \mathrm{HML}}E[R_{\mathrm{HML}}]+\beta_{i,\ \mathrm{MOM}}E[R_{\mathrm{MOM}}]$$

2015 年，法玛和弗朗齐继续完善他们的模型，又加入新研发的两个因子：盈利因子（RMW）和投资因子（CMA），将其扩展为 Fama–French 五因子模型：

$$E(R_i)-R_f=\beta_{i,\mathrm{MKT}}(E[R_M]-R_f)+\beta_{i,\mathrm{SMB}}E[R_{\mathrm{SMB}}]+\beta_{i,\ \mathrm{HML}}E[R_{\mathrm{HML}}]+\beta_{i,\ \mathrm{RMW}}E[R_{\mathrm{RMW}}]$$
$$+\beta_{i,\ \mathrm{CMA}}E[R_{\mathrm{CMA}}]$$

如今，在高性能计算机的帮助之下，投资界挖因子的热情高涨。据说，学术圈目前已经挖出了 400 多个投资因子。这种量化狂热被他们自嘲为“因子动物园”现象。

主动型 ESG 基金的资产组合建构，从两方面体现出因子投资理念。一方面，组合以 ESG 评分排序为主要加权方式，摆脱了对市值结构的被动依赖，体现出因子投资的多 beta 特征。另一方面，ESG 选股方法常与其他因子模型叠加使用，以 ESG +Smart Beta 的模式进一步强化因子投资精准风险暴露的优势。

ESG 因子体系庞大，通常按照环境、社会和公司治理划分为三大类。E 类因子主要包括：低碳目标、外部环境管理体系认证、环境违法违规事件、能源消耗量、废气、废水以及危险物排放量等。S 类因子主要包括：重大负面舆情事件、社会责任报告质量、扶贫与捐赠情况、员工健康和安全、员工培训人数和时长、薪酬福利水平、员工流动趋势、安全事故以及因公死亡人数、女员工比例、反歧视等。G 类因子主要包括：董事会独立性、董事会委员会数量、董事长是否兼任首席执行官、股权激励情况、高管持股情况、受监管处罚情况、流通股占比、股权质押比例、关联交易、财务透明度、债务比例、高管及股东违规违法事件等。

相关研究比较共识的观点认为，公司治理类因子在投资实践中的效度最高，环境类次之，社会类因子相对更难把握。但无论哪种类型的ESG因子，都展现出了与收益的正相关性，这一点，也是ESG因子投资能够成立的根本原因所在。罗伯特·G.埃克勒斯等人以180家美国公司为样本展开研究，结论表明："从长期来看，在股市和会计表现方面，高可持续性公司的表现都显著优于同行。"[①]

ESG投资可以简单划分为单因子投资和多因子投资两大类型。所谓ESG单因子投资，就是在核心策略运用上，只考虑ESG因子，而不引入其他要素的ESG投资。相比较来说，ESG多因子投资更为复杂，在运用ESG模型的同时，还会综合考虑市值、规模、动量等其他Smart Beta指标，将ESG与其他因子叠加在一起综合运用。

下面先来看一个ESG单因子投资的案例——南方ESG主题基金。

本基金主要采用当前国际上主流的ESG投资策略，具体包括：

1）ESG筛选策略

ESG筛选是运用最为广泛的ESG主动投资策略，进一步又分为负向筛选与正向筛选。负向筛选是剔除在ESG指标上呈现负面效应或者不可接受的公司；正向筛选是选择在ESG指标上高于同类平均水平的行业或公司。在筛选个股时，主要考虑稳定性和趋势性。ESG稳定性筛选的标准为：公司ESG评级较高且近年来ESG评级未被下调，或公司始终属于某一ESG指数成分，未出现被剔除的情况。ESG趋势性筛选的标准为：公司ESG评级在当年获得提升，或公司在当年被纳入某一ESG指数。

---

① Eccles R G , Ioannou I , Serafeim G . The Impact of Corporate Sustainability on Organizational Processes and Performance[J]. Social Science Electronic Publishing.

在筛选行业时，ESG 风险较高的行业应进行规避。行业 ESG 风险的高低可以从两个方面进行评估：第一，ESG 指数相对于其可比指数在行业配置上的比例。第二，高 ESG 评级公司的行业分布。

2）股东积极主义策略

股东积极主义指外部股东积极干预、参与公司重大经营决策，适用于包括公司 ESG 决议在内的多种情形。股东积极主义可采取电话、邮件、电话会议、股东投票等较常见的方式，也可以采用私人约见管理层、联合其他股东或公司各类投资者约见管理层等影响范围更广的方式。

3）整合策略

ESG 整合策略是将 ESG 因素融入绝对估值与相对估值体系。ESG 风险多种多样，运用 ESG 整合策略决策时，需重点关注公司所属行业主要 ESG 风险，并对估值作出相应调整。

4）其他 ESG 投资策略

包括 ESG 混合因子打分、可持续发展主题投资、社会影响力投资、规范性准则筛选法等。

基于以上 ESG 投资策略，公司初步构建了 ESG 投资评价体系。本基金将基于南方基金 ESG 投资评价体系对所有股票进行评价打分。首先，运用负向筛除法剔除 ESG 综合得分小于 0 的股票（包括但不限于法律法规或公司制度明确禁止投资的股票，有重大 ESG 负面记录的股票等），形成 ESG 投资基础股票池，确保入选股票池的公司近期未发生环境、社会、公司治理等负面事件。在此基础上，利用 ESG 评价体系，将企业的 ESG 表现转化为定量的 ESG 评分，从而形成 ESG 股票备选库，并定期或不定期更新调整，从而为投资决策提供明确的参考依据。[①]

从以上文件可以看出，南方ESG主题基金的股票组合建构，先以负向筛选初步建立股票池，然后综合运用多种方法将股票池内的股票进行ESG评分，并将评分结果融入股票估值，重点从ESG角度关注公司所属的行业风险。

从理论上透视，这种投资方法与传统投资组合相比，本质的不同在于，ESG主题基金紧紧抓住投资对象的ESG特征，以ESG评分为根本遵循，建立投资组合。

下面再看一个ESG多因子投资的案例。

与南方ESG主题基金相比，大摩ESG量化先行基金进一步强化了对ESG因素的整合使用，在与南方ESG主题基金类似的ESG选股程序之后，又叠加了一个多因子阿尔法模型选股程序，等于在多因子中横向注入了ESG的可持续性特征。具体操作方法如下：

本基金将使用“多因子阿尔法模型”在ESG相关股票池中优选股票；所指的“多因子阿尔法模型”是建立在已为国际市场上广泛应用的多因子阿尔法模型（Multiple Factors Alpha Model）的基础上，根据中国资本市场的实际情况，由本基金管理人的数量化投资团队开发的更具针对性和实用性的数量化选股模型。基于ESG股票池的多因子阿尔法模型包括以下几个步骤：

1）筛选有效因子

ESG相关股票在资本市场中具有显著特殊性，所以管理人会结

① 《南方ESG主题股票型证券投资基金招募说明书》，https://pdf.dfcfw.com/pdf/H2_AN201911211370952055_1.pdf?1647713230000.pdf

合经典投资理论、总结分析投资团队多年积累的投资经验，提炼出能够起显著解释作用的因子，再通过全面而细致的实证分析，最后通过这些因子筛选股票。这些量化因子主要来自三方面信息：一是公司基本面信息；二是分析师预期；三是公司的二级市场价格数据。此外，这些因子原则上可以划分到估值类、成长类、市场类和盈利类等。估值类因子对应个股在特定时期的估值水平，一般情况下估值水平更低的个股在未来具有更高的安全边际，投资的防御性更好；成长类因子与上市公司成长性挂钩，成长性良好的个股理论上股价上升的空间也就越大；市场类因子是根据市场价量信息构建的因子，用来反映个股的市场特征，在不同阶段具备不同的选股效果；盈利类因子象征公司的盈利能力、盈利质量等，通常来看，盈利能力更强、盈利质量更高的个股往往具备更长远的投资价值。每一个因子的提炼都经过管理人的反复验证，具备一定的选股能力。

2) 因子的权重

每一个因子都代表了一种选股逻辑。在不同的市场环境下，选股逻辑会有不同的侧重点。管理人会给不同因子配以不同的权重，以反映当时市场的侧重点。

3) 因子的更替及权重的调整

管理人将定期回顾所有因子的表现情况，适时剔除失效因子、酌情纳入重新发挥作用的有效因子或者由市场上新出现的投资逻辑归纳而来的有效因子。此外，管理人还将采用 IC、ICIR、Fama－MacBeth 回归等方法，评价因子的重要程度，定期调整因子权重。[①]

① 《摩根士丹利华鑫 ESG 量化先行混合型证券投资基金招募说明书》，https://pdf.dfcfw.com/pdf/H2_AN202006171385475581_1.pdf

随着ESG信息披露质量提升和评分体系的不断完善，ESG要素在因子投资中所发挥的作用越来越突出。一方面，ESG虽然是一种非财务信息，但经由评分体系的数字化输出，已经逐步具备可操作的量化特征，具备发展成为以可持续性为特征的标准化因子模型的条件；另一方面，ESG也可以发展为一种帮助其他因子提升可持续性的通用因子，在多因子投资公式的全链条上发挥作用。

ESG因子投资的成败关键，取决于对特定资产组合特征的系统性把握。如何将不同国家、区域、时点和行业的ESG特征，科学地映射到相应评分体系之中，是未来ESG因子投资发展的关键所在。

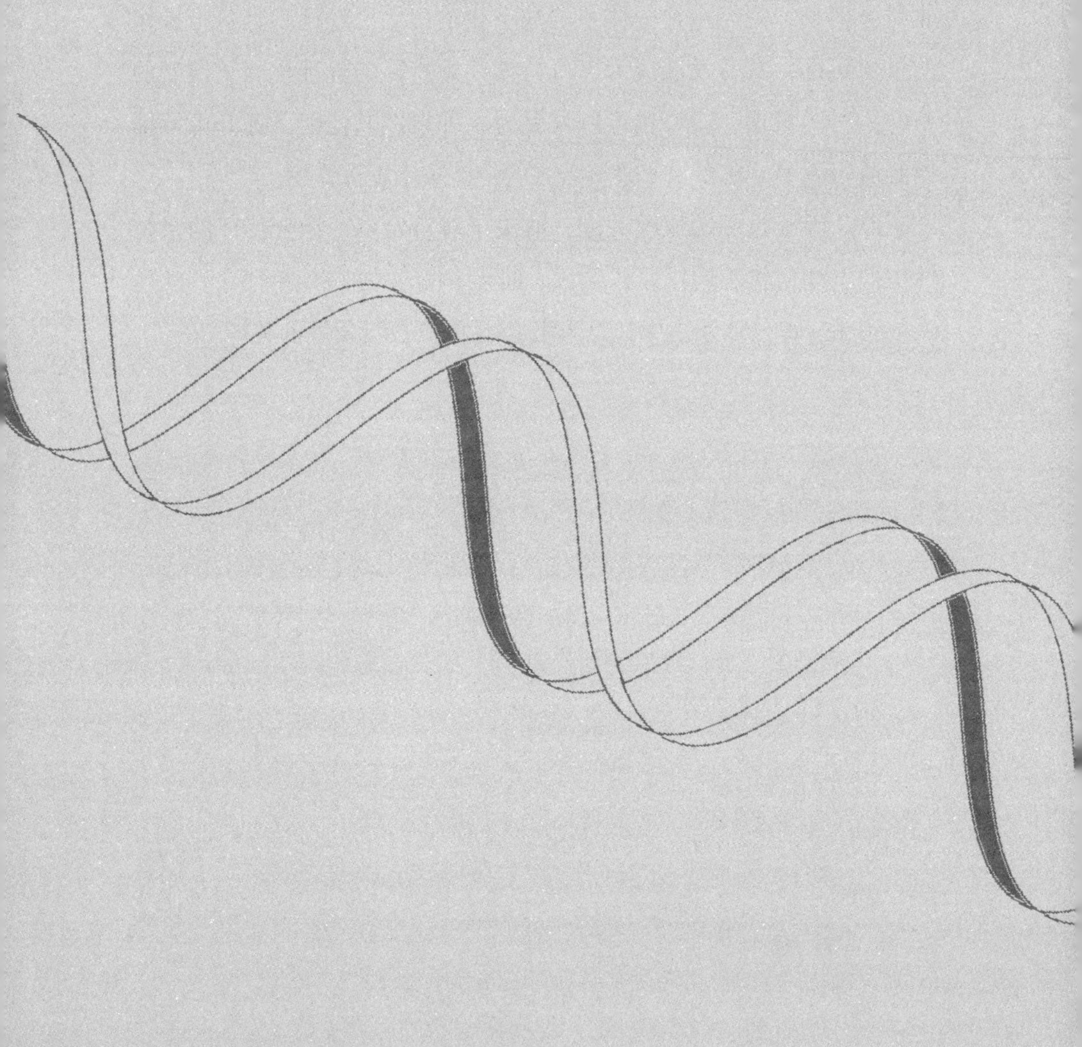

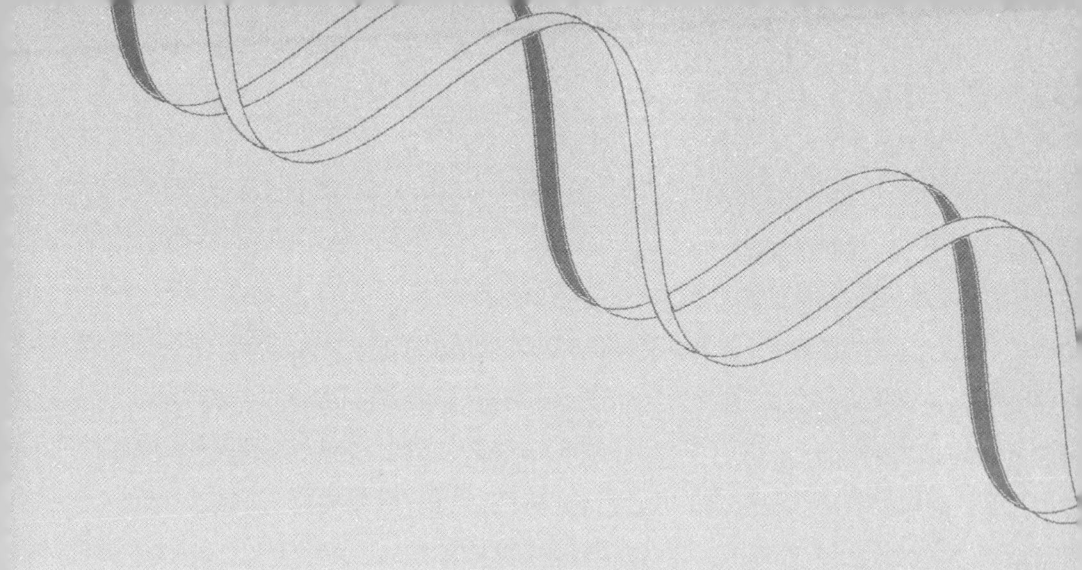

– 6 –

ESG 投资的七种基本策略

根据联合国负责任投资原则（UN PRI）和全球可持续投资联盟（GSIA）等国际组织的共识，ESG 投资有七种基本策略，包括：负面剔除（Negative/Exclusionary Screening）、正面优选（Positive/Best-in-Class Screening）、依公约筛选（Norms-Based Screening）、ESG 整合（ESG Integration）、股东积极参与（Corporate Engagement and Shareholder Action）、可持续发展主题投资（Sustainability Themed Investing）和影响力投资（Impact/Community Investing）。其中，每种策略可以单独使用，也可以结合在一起综合使用。

表 6-1　ESG 投资基本策略

策略名称	定义
负面剔除	基于被认为不可投资的活动，将某些行业、公司、国家或其他发行人排除在基金或投资组合之外。排除标准（基于规范和价值观）可以指产品类别（例如武器、烟草）、公司的做法（例如动物试验、侵犯人权、腐败）或争议事项等
正面优选	对选定的行业、公司或项目进行投资，这些行业、公司或项目相对于行业同行具有积极的 ESG 绩效，并且达到了高于规定阈值的评级
依公约筛选	根据联合国、国际劳工组织、经合组织和非政府组织（如透明国际组织）发布的国际规范，根据最低商业标准或发行人惯例筛选投资标的
ESG 整合	系统明确地将环境、社会和公司治理因素纳入财务分析
股东积极参与	利用股东行使权力的行动影响公司行为，包括通过直接参与公司治理（即与高级管理层和 / 或公司董事会沟通）、提交或共同提交股东提案，以及在综合 ESG 准则指引下进行代理投票
可持续发展主题投资	投资于专门有助于可持续解决方案的主题或资产——环境和社会（例如，可持续农业、绿色建筑、低碳倾斜投资组合、性别平等、多样性等）
影响力投资	影响力投资以实现积极的社会和环境影响为目的——需要计量和报告这些影响，以证明投资者和标的资产 / 被投资方的意向性，并证明投资者的贡献

注：根据《全球可持续投资报告 2020》整理

从全球来看，七种策略中，ESG 整合、负面剔除和股东积极参与等方法使用得较多，不同国家和区域也各有侧重。《全球可持续投资报告 2020》对其发展趋势进行了统计整理，相关情况如下：

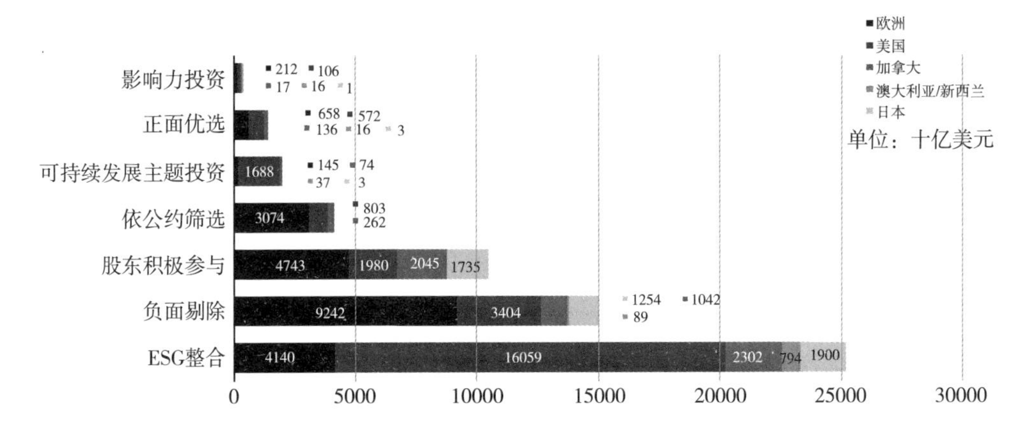

图 6-1　七种 ESG 投资方法的国别资产占比（2020 年）

数据来源：《全球可持续投资报告 2020》

被动剔除[①]——历史最悠久的方法

负面剔除的含义

负面剔除也被称为被动剔除、负面筛选等，早在伦理投资时期，人们主动规避武器、酒精、奴隶买卖等，在投资组合中主动剔除所谓的“罪恶股”，由此形成负面剔除法的历史雏形。早期的负面剔除，主要动机是出于伦理和价值观方面的考虑。随着历史发展，这种投资收益之外的伦理诉求，逐步被内化为投资要素。人们发现，价值观方面的不利因素，会通过社会网络的作用，转化为拖累投资利润的因素。

ESG 投资从理论上提炼出这种负相关性，将环境、社会和公司治理领域里由财务数据无法直接反映的不利因素，系统化地提取出来，据此进行资产剔除，形成现在的“负面剔除法”。

---

① 被动剔除策略与正面优选和依公约筛选都是筛选型策略，从这个角度，也有些研究者将此三种策略归为一类。但是，考虑到负面剔除在全部 ESG 投资七种策略中历史最为悠久，是整个 ESG 投资思想的起源点，具有最广泛的应用场景，因此，本书将其单独归为一类，主要强调其筛选的负面性。按照这个标准，分类上会出现重叠，比如，依公约筛选的部分内容，也属于被动剔除。

在现代方法论指导下，负面剔除法逐步发展为复杂的筛查体系，不仅在剔除对象上涵盖化石能源、环境污染、资源破坏、武器、烟酒、赌博、侵犯人权、商业腐败、股权不合理等广泛主题，而且在程序上扩展到标准制定、流程控制、过程监督、业务审计、效果评估等全流程和步骤。

负面剔除策略中，公司治理因素应用较为普遍。比如，多数机构投资者会将高股权质押比例、低会计透明度和底线的公司治理水平得分等，作为风险警戒线，一旦突破红线，立刻从资产组合中排除。

环境和社会领域的剔除标准，往往要有禁止性的规范文件作前提，例如,《可持续发展投融资支持项目目录［中国（2020 版）］》制定了三个维度的剔除标准。

第一，排除国家政府不鼓励的项目，也排除了联合国机构和多边开发银行等国际组织不参与筹资或合作的项目。这些被排除在外的类别包括博彩、武器交易、成人娱乐、烟草和侵犯人权的内容等。

第二，根据《欧盟可持续金融分类方案》的“不显著危害”（Do-No-Significant-Harm, DNSH）标准，排除可能对可持续发展目标造成重大损害的项目。

第三，排除可以通过其他可以用更好社会或环境绩效产生的项目来替代的项目。

道富环球和易方达 ESG 基金案例

道富环球投资管理公司（State Street Global Advisors，SSGA）研究发现，从投资组合中剥离或者尽量减少化石燃料的做法，正得到越来越多投资者的重视。全球大约有 1200 多家机构投资者，已承诺将从 2020 年开始剥离涉化石燃料资产，涉及的资产高达 14.6 万亿美元。这些投资者试图以这种方式，应对气候变化带来的物理风险，并为日益严格的化石燃料监管做好准备。

监管机构和标准制定部门虽然给出了识别和处理化石燃料的要求和标准，但是，用于缓解化石燃料风险敞口的定义、测量方法和投资产品可能存在很大差异，在具体应用上仍然会存在困难。为此，道富环球创建了一个筛选框架，以全面、合理的方式对化石燃料资产进行检测和分类。

道富环球的筛选框架界定了 6 种与化石燃料密切相关的活动，分别是：石油开采和发电、天然气开采和发电、动力煤炭开采和发电、页岩气开采、油砂开采以及北极油气勘探等。在此基础上，道富环球建立了自己的独特筛选方法——标准视点法（Standard Point of View，POV）。

标准视点法基于两个核心策略：一是建立重点清单，特别关注直接参与特定风险领域的实体，比如经营化石燃料等；二是按收入来源比例建立负面剔除标准，将公司收入来源的 10% 源自石化相关领域，作为触发负面剔除的阈值。

采用“重点清单”和“收入来源的 10% 占比指标”，目的是将限制的范围聚焦在那些风险涉及程度相当高的资产上面。标准视点法的目的，不是要把每一项涉及负面主题的资产都剔除掉，而只是剔除那些具有一定显著性的证券。这样才能使负面筛选与其他方面的投资考虑达成平衡。

标准视点筛选方法特别警惕那些营业收入高度依赖于化石燃料行业的公司，这些公司往往正处在日益衰退的过程之中。这种方法为我们缩小了筛选范围，并帮助我们识别出商业模式和运营严重依赖于持有石化燃料资产或使用化石燃料的公司。[①]

易方达 ESG 责任投资基金明确表示，运用负面剔除法配置资产。相关情况在其招募说明书中表述如下：

基金将通过负面筛选和 ESG 评价体系两种方法，对企业的 ESG 表现进行评估。首先，本基金将在全部股票中按照投资范围的界定、本基金管理人投资管理制度要求以及股票投资限制等，剔除其中不符合投资要求的股票（包括但不限于法律法规或公司制度明确禁止投资的股票等），同时剔除有重大 ESG 负面记录的股票；其次，本基金将利用 ESG 评价体系，有针对性地对剩余股票进行分析，将企业的“社会价值”转化为定量可比的 ESG 质量评分，为投资决策提供明确的参考依据……

ESG 评价体系包括以下两部分内容：

1）公司治理（G）

本基金在投资过程中，将避免投资于公司治理（G）情况较差，长期分红低、频繁投融资、财务信息披露不清晰、存在造假和利益输送嫌疑、内部人控制、管理混乱、忽视中小股东利益等问题的公司。

同时，本基金将结合公开披露的信息和主动调研的情况，从分红水平、投融资情况、股东结构、董事会组成、高管资质和激励机制、信息披露质量等多个方面考量上市公司的治理水平，并对每一类别的细分指标进行高、中、低三档评分，综合各指标评分结果形成公司治理（G）得分。公司治理（G）指标占 ESG 评价权重约 60%。主要参考的定量指标包括但不限于：分红率的同行业分位值，公司每股

① Stefano Maffina & Kushal Kumar Shah “Fossil Fuels : An ESG Screening Approach”, January 18, 2021, https://www.ssga.com

分红 / 净利润（年度），并与同行业均值对比。关联交易占比，公司销售关联总额/总收入（年度），公司采购管理关联总额/总成本（年度）。融资频率，过去三年公司融资次数，融资行为包括增发、发可转债。资本回报率，净利润 / 投入资本（股东权益 + 有息负债 - 现金及等价物）。控股股东持股比例，控股股东持股市值 / 公司总市值。高管薪酬的同行业分位值，公司高管薪酬 + 股权激励市值，并与同行业均值对比。

2）环境与社会（E&S）

本基金在投资过程中，将避免投资于环境与社会（E&S）风险较高，高污染、高耗能、持续受监管处罚、环境治理较差、存在安全事故或安全隐患、存在商业欺诈、商业贿赂、侵权违规、严重劳务纠纷等问题的公司。同时，本基金将结合公开披露的信息和主动调研的情况，从产业环境风险、资源使用效率、清洁环保投入、环境信息披露、监管处罚等方面考量上市公司的环境效益，从消费者保障、供应链管理、产品质量、商业道德、员工保障与福利、生产安全等多个方面考量公司社会责任的履行情况，并对每一类别的细分指标进行高、中、低三档评分，综合各指标评分结果形成环境与社会（E&S）得分。环境与社会（E&S）指标占 ESG 评价权重约 40%。主要参考的定量指标包括但不限于：环境污染风险，公司所处行业是否属于重点污染防治单位名录。环保投入的同行业对比，公司环保设备、项目投入总额（年度），并与同行业均值对比。受监管处罚频率，过去三年受监管部门处罚次数。负面舆情频率，过去三年受新闻媒体报道的负面问题次数。①

---

① 《易方达 ESG 责任投资股票型发起式证券投资基金招募说明书》，https://pdf.dfcfw.com/pdf/H2_AN201907261341433356_1.pdf?1647708878000.pdf

负面剔除策略存在的问题

负面剔除方法简单易行，为大多数 ESG 投资者广泛采用，但其缺陷也十分明显。主要体现在三个方面。

首先，从价值观本身来看，道德伦理的内涵与标准会随时代变迁，存在边界模糊的情况。比如，早在伦理投资初期，人们就把酒类交易置于黑名单之内，不仅某些宗教意识形态排斥饮酒，甚至法律和政府也曾明确发布有关饮酒的禁令。

1920—1930 年，美国民众认为饮酒是家暴的根源，通过宪法修正案的形式施行禁酒令。在此期间，非法酿造、贩卖和走私酒类饮料都属于犯罪行为。直到今天，酒类仍然被大多数 ESG 投资组合排除在外。

但是在有些国家和地区，酒被赋予了积极美好的正面形象。比如，驰名世界的波尔多葡萄酒，给人浪漫温情的正面感受。再比如，中国的古诗词中，饮酒往往是一种豪迈、超然、豁达的文化符号。李白、苏轼等诗人关于酒的描写，使我们无论如何也无法将酒与罪恶联系在一起。

青少年沉迷电子游戏是信息时代普遍存在的问题，从这个角度看，似乎有理由将电游列入负面清单。但是，近年来的医学研究发现，适度的电子游戏，具有治疗精神疾病的显著效果，可以作为一种数字诊疗工具。以此来看，网络游戏又是救助病人的工具。

总之，ESG 的负面名单需要结合国别、区域、主体、环境等诸多具体条件进行分析，不能笼统简单地画线。

其次，国家和法律制度体系的不同，也为负面剔除的标准设定造成困难。比如，在公司治理制度方面，以德国为代表的双层结构，同时设立监事会和董事会，二者互相制衡；而以美国为代表的单层结构，不设监事会，主要依靠独立董事对董事会进行制约和监督。两种不同体系对董事、监事人员构成等相关制度指标的评价标准也不一样。中国的公司制度，同时借鉴了大陆法系和英美法系的特点，既有监事会，又有独立董事。在中国独特的政治和法律框架下，很难单独使用上述分类中某个体系进行公司治理方面的打分。使用一些国外 ESG 评级机构的打分标准时，这一问题尤为突出。

最后，也是对投资收益影响最直接的一个问题是：负面筛选策略必然会窄化投资范围，同时会在客观上形成风险倾斜现象，投资组合的风险暴露，将明显集中于某些国家、区域或者类型上。实践中，这些问题往往是交织在一起的。

比如，ESG 水平较高的股票，一般股价也比较高，这就会降低组合在价值因子上的风险暴露。同时，如果一个跨国资产组合完全按照负面剔除法进行配置，将会更多配置欧美发达国家大公司的股票，而降低新兴市场体系的公司股票。

投资范围窄化问题直接关系收益水平。中国股市在 2019 年前后“喝酒吃药”类股票一度获得高速增长，试想，在那个时期从资产组合中排除酒类，将会对收益率产生怎样的冲击？

从环境主题来看，我们知道化石燃料占比过高的棕色资产，存在较大的气候风险敞口，相比来说，绿色资产会安全很多。但如果从动态博弈角度看，绿色资产却未必是最佳投资对象。因为一项资产的收益率最高阶段，恰恰处于它由“棕”到“绿”的历史转折点上，而从买入时点看，那正是一项应被剔除的棕色资产。

负面剔除法的诸多问题日益引起人们关注，对此，业界和学界普遍认同的一个解决办法是，通过 ESG 整合对负面剔除策略进行优化。下一节，我们就来讨论 ESG 整合策略的具体内容。

主动整合——最具发展潜力的方法

ESG 整合、正面优选、依公约筛选的含义

主动整合类策略包括正面优选、依公约筛选和 ESG 整合等三个具体方法，将这三种方法归入同一个类型，主要考虑它们共同具有的一个显著特征：多数情况下，这三种策略会集合在一起与其他非 ESG 选股方法复合使用，体现出“多措并举”的整合特征。[①]

在整合过程中，投资人并不寻求投资对象在 ESG 表现上的良性改变，而是依据“用脚投票”原则，定期调整更新组合，吐旧纳新。就这一点来说，这类方法虽然被归为主动整合，但其主动性是有限的，并未达到通过积极行动以谋求改变投资对象的水平，这与后面介绍的积极倡导型策略相区别。

---

① ESG 投资目前仍处于早期发展阶段，理论上仍然存在模糊地带，有待实践进一步发展来明确。一种观点认为 ESG 整合定义不包括负面筛选，将后者视为整合程序启动之前的前置程序，这种划分包含了效率方面的考虑，将在后面部分讨论。本书将这种不包含负面剔除策略的观点视为狭义的 ESG 整合策略定义，同时，还应当存在包括负面剔除的广义 ESG 整合策略定义。从广义视角来看，任何一种非 ESG 投资方法，只要在实施过程中吸纳了 ESG 元素，都应当属于 ESG 整合策略。

ESG 整合策略是指，投资人同时兼顾财务分析和非财务的 ESG 分析，挑选出财务绩效与 ESG 表现双优的资产交集，以此构建投资组合。在此过程中，正面优选策略为 ESG 评估建立了核心支柱，投资人往往运用有效的 ESG 评分系统，计量公司的 ESG 表现，从中选出高 ESG 评分的公司。依公约筛选也是 ESG 整合过程中会综合使用的一种方法，这一方法只对筛选标准做出要求，不限制筛选方向，既可以选优，又可以进行负面排除。

CFA 和 PRI 的一份联合研究报告[1]，将 ESG 整合分为三个步骤，具有较强的操作意义。具体说明如下图：

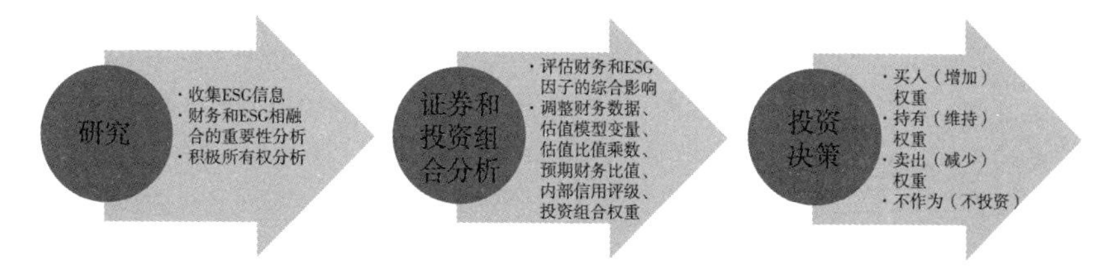

图 6-2　ESG 整合的三个步骤

资料来源：《中国的 ESG 整合：实践指导和案例研究》

整合策略的本质

相对于单纯负面剔除策略来说，ESG 整合策略是一次问题导向的发展进步。单纯负面剔除会窄化投资范围，并由此导致诸多问题，影响投资收益。ESG 整合策略的突出优势，正体现在对这些问题的克服上。

瑞士学者法比奥（Fabio）和埃里克（Eric）提出的“ESG 投资

① CFA Institute & PRI：《中国的 ESG 整合：实践指导和案例研究》。

组合优化策略”，是这个方向上较有代表性的研究成果。

改进传统剔除策略需要解决两个问题：一是投资组合 ESG 质量的提升，不能以牺牲财务绩效为代价；二是投资组合 ESG 质量的提升，同样不能以增加无益的风险暴露因素为代价。显然，这两个问题是内在联系的，但不妨碍将其设定为两个独立的目标。

优化程序设计的基本假设为：在最大化投资组合 ESG 得分的同时，对跟踪误差、交易量（主要考虑交易成本）、区域、行业以及风险因子的暴露加以限制，使其保持在规定的水平内，这样就能有效解决上述两个问题。

基于这个思想，法比奥和埃里克提出了 6 个具体的约束条件，在此基础上运行投资组合 ESG 得分最大化的目标函数。结果验证了试验假设。上述 ESG 整合策略，能在较低的成本下显著改善投资组合的 ESG 质量和财务性能。

研究采用主流 ESG 机构的标准，数据跨度从 2007 年到 2018 年，对基于美国、欧洲、太平洋地区以及新兴市场国家等四大经济体中，23 个发达市场和 24 个新兴市场的全球投资组合有效。对量化投资有兴趣的读者可以进一步深入研究，这里不再赘述细节。[①]

ESG 整合策略是马科维茨资产组合思想的具体深化，从这个角度认识 ESG 整合策略，才能更深入地把握其本质特征。作为七大基本策略之一，ESG 整合策略看起来只是把其他方法放在一起的综合运用而已，好像并没有真正属于自己的东西。但事实上，这个策略的独特性，本质上就在于它的底层逻辑，即通过数学优化，促使资产组合的风险调整收益发生质的提升。这一点，也正是整个现代投

① Alessandrini F , Jondeau E . Optimal Strategies for ESG Portfolios[J]. The Journal of Portfolio Management, 2021, 47(6):jpm.2021.1.241.

资思想的理论原点所在。因此，ESG 整合策略在应用上的潜在空间巨大，资本市场的实践发展也印证了这个趋势。

VF-SEML 案例

ESG 整合策略应用广泛，本书第 5 章介绍的华宝 ESG 指数基金、南方 ESG 主题基金、大摩 ESG 量化先行基金等，都是国内基金运用 ESG 整合策略选股的典范，这里不再重复举例。下面再来看一个有代表性的海外 ESG 基金范例。

冯托贝尔资产管理公司的新兴市场可持续引领者基金（Vontobel Fund – mtx Sustainable Emerging Markets Leaders，VF-SEML）成立于 2011 年 7 月，是一只规模庞大的海外 ESG 主动基金。

VF-SEML 投资领域锁定新兴市场，按照 2022 年 3 月 31 日的数据，基金持有的前十大重仓股为：台积电（7.4%）、腾讯控股（5.2%）、阿里巴巴（4.3%）、曼迪利私人银行（4.0%）、联发科技公司（3.7%）、印度 HDFC 银行（3.6%）、印孚瑟斯信息技术公司（3.6%）、中海油（3.2%）、伊利集团（3.2%）、中国邮储银行（3.0%）。其中 60% 以上的资产来自中国。

从行业来看，该基金超过 50% 的持股比例集中在金融和信息技术领域，具体权重分布为：金融（26.2%）、信息技术（25.6%）、非日常消费品（11.0%）、通信服务（9.7%）、材料（8.0%）、日常消费品（5.9%）、能源（5.8%）、房地产（4.2%）、制造业（2.2%）和现金（1.4%）。[①]

① https://am.vontobel.com/en/view/LU0571085686/vontobel-fund-mtx-sustainable-emerging-markets-leaders#breakdowns

VF-SEML 以实现长期资本增长为目标，严格管理可持续性风险。被投资公司须在投资资本回报率（ROIC）和行业地位方面处于前 25%，并且要以低于其内在价值的价格进行交易，同时，被投资公司还要满足基金的最低 ESG 标准。

VF-SEML 认为，整合可持续性指标是其投资过程的核心，这样做的目的在于优化基金投资组合的长期风险回报，同时提升被投资公司社会和环境方面的表现。

基金的 ESG 评估流程重点关注两方面内容：一是投资对象的可持续性风险，这里是指某些特定 ESG 事件的触发条件，如果这些情况出现，可能会对投资价值造成实际或潜在的重大负面影响。

二是投资对象的可持续性因素，这里是指可能对环境或社会产生实际或潜在重大负面影响的公司事项，如碳足迹、社会和员工事项、尊重人权、反腐败和反贿赂事项等，这部分内容也被统称为可持续性指标。对于上述内容，投资管理人员会进行详细、系统的定性和定量分析。

VF-SEML 首先运用负面剔除策略：在排除了生产有争议性的武器、烟草等业务的公司，从核能、煤电或煤炭开采、油砂以及与武器有关的军事合同或成人娱乐活动中获得超过最低百分比收入的公司，以及收入份额较高的烟草零售商之后，VF-SEML 运用依公约筛选策略，进一步排除了如下四类违反主要国际规范和标准的公司，这些公约包括：（1）联合国全球契约；（2）经合组织跨国企业指南；（3）联合国商业和人权指导原则；（4）国际劳工组织公约，及其涉及的基本公约和条约，以及其他国际公约、规范和文书。

经过负面剔除程序之后，基金从剩余股票中筛选出 ROIC 水平处于前 25% 的股票，并根据它们的估值水平、市场地位等因素进一步缩小投资范围，以此创建“可供投资的新兴市场资产池”。在此基础上，基金将进行详细的财务建模，并根据自己的可持续性标准实施正面优选策略。

基金自己开发的可持续发展框架，可以对大约 25 项特定行业中最重要的可持续发展指标进行严格评估。这些指标通常包括对政策、程序和实践活动的评估，以及对关键绩效指标和争议事项的评估。

常见的环境指标包括：环境承诺、环境目标、管理体系、关键绩效指标、环境产品管理以及对国际或行业标准的遵守程度。常见的社会指标包括：人力资本管理、健康和安全、数据安全和隐私、供应链管理、人权、合规风险管理、商业道德等；对于某些部门，还包括产品和服务的积极社会影响，如便利资金或医药的获取等。常见的公司治理指标包括：董事会独立性和多样性、所有权结构、少数股东权利、高管薪酬以及审计和会计监督等。

对于每一个可持续性指标，VF-SEML 都会根据自己定义的绩效标准对投资对象进行打分，同一指标在不同行业的权重各不相同，以此调整它们对总体得分的影响。投资对象总分必须达到 35% 的及格分数，才能获得被投资资格。

在此之外，基金还设有一个压倒性的 F 评分机制，如果 F 评分不达标，即便该公司本来应该获得及格分数，也会被一票否决。F 评分通常针对高级别的可持续争议事项进行，这类事项对企业可持续发展前景构成重大风险，或对社会或环境构成严重风险。基金使用 F 评分来评估公司的责任程度、严重性、规模、性质等。

基金使用新闻预警工具持续监测被投资公司在环境和社会方面的合规性，如果发生严重违规事件，将启动 F 评分框架，用一个清晰的决策树，评估事件的严重性，并就是否需要剥离或参与争议制定相关规则。

基金投资团队使用的数据，主要来源于晨星Sustainalytics、明晟、商道融绿、ISS、彭博和Repisk等ESG评级机构。此外，基金还从市场购买一些分析师数据，以此作为补充。[1]

① https://am.vontobel.com/en/view/LU0571085686/vontobel-fund-mtx-sustainable-emerging-markets-leaders#consideration

积极倡导——最 ESG 的方法

本书把股东积极参与、可持续发展主题投资和影响力投资这三个基本策略归于“积极倡导”这个大类，主要考虑的是，这三个基本策略在追求 ESG 目标提升方面的主动性程度，定性地高于前两个大类的方法。

标志性的界线是“用脚投票”原则。积极倡导类方法原则上已经走向“用手投票”，对于投资对象，大有“咬定青山不放松”的架势。通过投资谋求对象公司在 ESG 方面的改善，成为更重要的目标。这一点，构成了这三个基本策略的共性特征。

股东积极参与

股东积极参与是指投资人凭借自己手中持有的股票，积极参与投资对象的公司管理活动，促进公司实现良性变革，并及时纠正错误和偏差，以实现投资收益最大化的策略。这一投资理念，反映了投资者股权观念和实践的历史性变化。

20 世纪 80 年代之前，以华尔街为代表的投资者们，奉行不插手实体公司经营活动的原则。他们持有股票的目的，仅限于被动获取收益。如果公司利润表现良好，他们就买入股票，拿分红。一旦经营出问题，业绩出现下滑，他们唯一的做法，就是卖掉手中股票，一走了之。这种行使股权的模式，也被形象地称为“用脚投票”。

随着价值投资和长期投资理念的兴起，投资界逐渐出现一些想要长期持有，甚至终生持有某只股票的投资人。这类投资人希望凭借手中股票赋予的权利，通过积极参与公司经营管理，达到降低风险、提高收益的投资目的。对于公司经营中出现的一些重大问题，他们会积极履行手中股票所赋予的知情权、提案权、表决权和诉讼权等法律权利，积极维护股票价值。相对于被动的“用脚投票”，股东积极参与策略也被称为“用手投票”。

实证研究证明，股东积极参与可以对公司价值提升产生促进作用，从而提高投资收益。比如，尼科尔・M. 博伊森和罗伯特・M. 莫拉迪思等人研究了 1994—2005 年间年投资规模超过 1000 万美元的 456 家套保基金相关数据，结果表明：套保基金的积极行动能够改善公司的长短期经营业绩，从而提高公司价值。积极行动的套保基金的年收益率比不积极行动的套保基金的年收益率高出 7%—11%。[①]

中国学者马滟清、孙泽月、徐寿福等人对 2007—2018 年中国 A 股上市公司数据进行研究，经过相关数据处理后，以 15437 个公司年度观测值样本为研究对象，分析结果显示：“中小股东参与股东大会能够有效降低上市公司非效率投资水平。进一步的检验揭示，中小股东积极参与治理能够显著抑制产生于上市公司自由现金流的过度投资。”[②]

---

① NICOLE M B，ROBERT M. Corporate Governance and Hedge Fund Activism［J］.Rev Deriv Res，2011(14):169-204.

② 马滟清，孙泽月，徐寿福：《中小股东积极主义与上市公司投资效率》，《金融理论与实践》，2021 年第 1 期。

ESG 为股东积极参与公司治理提供了广泛议题。根据罗伯特·G. 埃克尔斯、拉维特拉娜·克里明科等人的研究：截至 2018 年 8 月 10 日，美国已提交 476 份环境和社会（E&S）股东决议。专注于 E&S 的总体解决方案所占比例从 2006—2010 年的 33% 左右，增长到 2011—2016 年的 45% 左右。到 2017 年，这一比例已经突破 50%。这些决议的主要议题包括气候变化和其他环境问题、人权、人力资本管理以及劳动力和公司董事会多样性等。①

股东采取积极行动的实践，可按其权利基础划分为四大基本类型。第一，行使人事表决权。向公司推荐董事和监事候选人，这是中小股东深度参与公司治理的重要方式。中国《公司法》第 105 条，规定了有利于中小股东的累积投票制度。累积投票制是指，股东大会选举董事或者监事时，每一股份拥有与应选董事或者监事人数相同的表决权，股东拥有的表决权可以集中使用，将自己的全部投票权投给一个候选人。累积投票制在制度设计上偏向中小股东，是中小股东在人事权争夺时以少胜多的制度杠杆。

第二，就重大事项行使提案权和征集表决权。《公司法》第 102 条规定，单独或者合计持有公司 3% 以上股份的股东，可以在股东大会召开十日前提出临时提案并书面提交董事会。这为中小股东对公司运营和治理中的重要事项提出行动建议奠定了基础。根据《公司法》第 106 条规定，股东可以委托代理人出席股东大会会议，代理人应当向公司提交股东委托书，并在授权范围行使表决权。据此，中小股东可以就某个议题广泛征集表决权，将分散的小股权汇聚成有效的力量，推动实现投资、收购、重组等重大事项提案。同时，

---

① Robert G. Eccles and Svetlana Klimenko："The Investor Revolution"，《Harvard Business Review》，May - June 2019，https://hbr.org/2019/05/the-investor-revolution.

为防止大股东通过关联交易和对外担保等方式损害中小股东利益，《公司法》和证监会《上市公司章程指引》等规范性文件规定，与上述事项有利益关联的股东，不得参与相关事项的表决。网络和数据技术的发展也为中小投资者参与投票表决提供了便利。2006 年，证监会出台相关政策，要求为股东提供网络投票系统，沪深两大交易所分别制定《网络投票实施细则》保障投资人的投票表决权。

第三，行使知情、建议和质询权。《公司法》第 97 条规定了“股东的查阅权与建议质询权”：股东有权查阅公司章程、股东名册、公司债券存根、股东大会会议记录、董事会会议决议、监事会会议决议、财务会计报告，对公司的经营提出建议或者质询。据此，中小股东可以与公司展开良性沟通和互动，对公司发展战略、治理模式、风险控制等方面提出合理建议，并对可疑情况提出质询，促使公司价值提升。

第四，行使诉讼权。《公司法》第 22 条规定了“无效决议撤销之诉”：股东会或者股东大会、董事会的会议召集程序、表决方式违反法律、行政法规或者公司章程，或者决议内容违反公司章程的，股东可以自决议做出之日起六十日内，请求人民法院撤销。《公司法》第 33 条规定了“知情权保护之诉”：股东有权查阅、复制公司章程、股东会会议记录、董事会会议决议、监事会会议决议和财务会计报告。……公司拒绝提供查阅的，股东可以请求人民法院要求公司提供查阅。《公司法》第 151 条规定了“维护公司利益之诉”：董事、高级管理人员执行公司职务时违反法律、行政法规或者公司章程的规定，给公司造成损失的，应当承担赔偿责任。对此，符合条件的股东可以书面请求监事会或者不设监事会的有限责任公司的监事向人民法院提起诉讼；监事有前述情形的，前述股东可以书面请求董事会或者不设董事会的有限责任公司的执行董事向人民法院提起诉讼。监事会或者不设监事会的有限责任公司的监事，或者董事会、执行董事不作为的，股东有权为了公司的利益以自己的名义直接向人民法院提起诉讼。《公司法》第152条规定了“维护个人利益之诉”：董事、高级管理人员违反法律、行政法规或者公司章程的规定，损害股东利益的，股东可以向人民法院提起诉讼。基于上述条款赋予的法定诉权，中小股东可以向管理层施加影响力，当最坏情况出现时，可以采取集体诉讼的方式保证投资收益的安全。

法律为股东的上述行为提供了权利保障，但在实践中，绝大多数的个人投资者难以承受达成行动目标所需经济成本。原则上说，机构投资者更具备践行股东积极主义的能力和条件。在机构践行股东积极主义方面，格力电器董事选举事件是一个典型案例。

2012 年 5 月，珠海格力电器股份有限公司举行董事换届选举，大股东格力集团推荐的董事候选人未能获得中小股东的广泛信任，触发机构投资者采取股东积极参与行动。部分机构投资者表示，如果董事会构成不合理，将会抛售手中股票，以此向大股东施加压力。

最终，合计持股比例为 3.65% 的两家机构投资者联合推出自己认可的董事候选人，并在选举中有效运用累积投票制度，促使其推荐候选人以 113.66% 的得票率顺利当选。

鉴于个人投资者采取股东积极参与所面临的困难，专门致力于帮助个人投资者行使相关权利的机构应运而生。比如，知名投资公司爱马仕投资管理公司（Hermes Investment Management），就在旗下成立爱马仕股权服务机构（Hermes Equity Owner Services，HEOS），专门帮助中小股东实施积极参与策略。它致力于帮助持股人就相关 ESG 事项，积极行使股东权利，与所持股企业进行沟通互动，促使企业开展 ESG 实践，维护股东长远利益。

比如，前面案例提到的 VF-SEML 基金，就通过 HEOS 开展股东参与行动。根据其政策文件的表述，基金通过股东积极参与策略，进一步促进环境和社会方面的良好表现，这对实现更可持续的社会成果至关重要，并能为投资者赢得长期风险回报。履行投票权和积极参与公司治理的中长期目标，促使被投资公司在公司治理、商业、社会、道德和环境责任等领域的可持续方面取得进步，从而为投资者的股东价值带来长期、潜在的增长。基金分析师和投资组合经理通过与 HEOS 的合作关系直接或间接开展股东参与活动。

HOES 专注于行使股东权利，尤其是提供投票建议，并通过客观而有建设性的 ESG 问题与被投资公司进行持续对话。基金设有一个专门流程，以确保对履行投票权方面的警示信号做出反应，并及时评估 HEOS 的所有投票建议。

基金的股东参与活动通常针对严重违反可持续性准则的情况，或者针对可持续性高风险和重大可持续性议题，这些问题的披露往往不够充分，基金对其中的可持续性风险进行知情评估的能力较弱。[①]

截至 2018 年 9 月，HEOS 共代表 45 名资产所有者和资产管理者客户，拥有 4680 亿美元的资产管理规模。2017 年，它与 659 家公司就 1704 个与环境、道德、治理、战略、风险和沟通相关的问题进行了互动合作，其中约 1/3 的问题取得了进展。“我们不仅仅是在寻找信息，” Hermes EOS 的负责人汉斯·克里斯托夫·赫特（Hans Christoph Hirt）解释道，“我们正在努力改变一些事情。”[②]

在中国，由证监会直接管理的证券金融类公益机构——中证中

---

① Engagement policies，https://am.vontobel.com/en/view/LU0571085686/vontobel-fund-mtx-sustainable-emerging-markets-leaders#consideration

② Robert G. Eccles and Svetlana Klimenko："The Investor Revolution"，《Harvard Business Review》，May - June 2019，https://hbr.org/2019/05/the-investor-revolution

小投资者服务中心有限责任公司（简称投服中心）承担了这一职责。投服中心成立于 2014 年 12 月，根据官方网站介绍，其主要职责如下：

面向投资者开展公益性宣传和教育；公益性持有证券等品种，以股东身份或证券持有人身份行权；受投资者委托，提供调解等纠纷解决服务；为投资者提供公益性诉讼支持及其相关工作；中国投资者网站的建设、管理和运行维护；调查、监测投资者意愿和诉求，开展战略研究与规划；代表投资者，向政府机构、监管部门反映诉求；中国证监会委托的其他业务。

根据媒体报道，截至 2021 年 7 月 31 日，投服中心持有股票的 A 股上市公司数量，已经高达 4413 家。①

新华社记者潘清以《投票权公开征集首战告捷 小股东凝聚大力量》报道了投服中心代表中小投资者展开股东积极参与的典型案例。

在纷繁复杂的证券市场中，处于相对弱势地位的中小投资者如何行使股东权利、维护自身权益？由投资者保护机构启动的股东投票权“公开征集”近日首战告捷，为新证券法下投保机制完善提供了新的范例。

中国宝安股份有限公司（以下简称“中国宝安”）近日发布公告，公司 2020 年年度股东大会 6 月 30 日对《关于修改公司章程的议案》进行了表决，同意股份占有效表决权股份总数的 74.15%，超

---

① 朱凯：《投服中心已持有超 4400 家 A 股公司股票》，《证券时报》，2021-11-02，https://wapepaper.stcn.com/html/article.html?id=1706753&dt=2021-11-02

过有效表决权股份总数的2/3，议案获通过。

作为投资者保护机构，中证中小投资者服务中心首次运用股东投票权“公开征集”方式，成功推动上市公司修改章程、删除不当反收购条款。

投服中心相关负责人表示，中国宝安原公司章程中设置了公司被并购接管后对董监高进行高额经济补偿的条款，这一反收购条款妨碍公司治理有效运行，严重损害广大中小股东利益。限制股东选任董事基本权利的条款，也不符合公司法立法本意。投服中心曾于2017年向中国宝安发送股东函建议其删除不合理条款，但中国宝安未予回复和修改。

6月14日，中国宝安公告称将于年度股东大会审议大股东韶关市高创企业管理有限公司关于公司章程修改的临时提案。投服中心经审慎研究论证后，决定启动股东投票权公开征集，以推动中国宝安公司章程修订，助力其提升公司治理水平、保护投资者合法权益。

继6月17日向中国宝安提交公开征集报告书后，投服中心于21日晚间发布征集公告，并通过公开发声向市场清晰表明反对在公司章程中设置不当反收购条款的态度，呼吁广大投资者积极参与公司治理、行使股东法定表决权。此举获得了中小投资者的积极响应。

中国宝安年度股东大会6月30日如期召开，投服中心出席会议并代委托股东进行投票。此次股东大会参与投票的股东及代表共3026人，代表股份约15.45亿股。其中中小投资者3019人，占出席会议股东人数的99%，所代表股份近8.47亿股，占出席会议股东所持有效表决权股份总数的54.82%，成为修改公司章程议案获得通过的决定性力量。

投服中心相关负责人表示，此次表决结果表明，作为新证券法赋予投保机构的重要职能，公开征集将产生强烈的示范引领效应，激发广大中小投资者参与公司治理的热情，从而使中小投资者逐渐成为优化公司治理的重要推动力量。

“小股东凝聚大力量”的首次成功实践，获得市场各方点赞。上海市锦天城律师事务所合伙人任远律师认为，中小股东持股比例低，且彼此之间缺乏联动，较难利用表决权对自身权益进行保护。投保机构从公益角度出发，用公开征集的方式集合广大中小股东，有助于形成合力，推动上市公司治理的持续完善。

经济学家周荣华认为，中小投资者在证券市场处于相对弱势地位，维权意识和能力较为薄弱。首次投票权公开征集获得股民积极参与，表明投资者的“股东意识”正在逐步觉醒。①

可持续发展主题投资

可持续发展主题投资的重点在于投资对象，用这种方法投资的项目或资产，必须锚定环境和社会领域里某个突出问题，投出去的资金，能有助于获得可持续性解决方案。比如，可持续农业、绿色建筑、低碳优先投资组合、性别平等、多样性等。

可持续发展理念由来已久。1972 年“罗马俱乐部”发表《增长的极限》报告，将环境和资源作为约束条件纳入经济分析框架。同年，联合国人类环境会议通过《人类环境行动计划》并成立联合国环境规划署（UNEP）。1980 年，联合国环境规划署、世界自然保护联盟和世界自然基金会共同发起《世界自然保护大纲》，初步探讨可持续发展思想。

1987 年，联合国环境与发展委员会发布《我们共同的未来》报

① 投服中心官方网站：http://www.isc.com.cn/html/mtbd/20210722/3890.html

告，在国际社会广泛凝聚共识，这种反对只图眼前不问将来的短视行为，反对破坏环境和浪费资源的新视角，逐步发展为以强调经济增长的可持续性为特征的发展理念。

2000 年，出席联合国千年首脑会的 191 个国家代表，聚焦环境保护、贫困、饥饿、基础教育、男女平等等影响可持续发展的突出问题，提出了《2000—2015 联合国千年发展目标》（MDGs）。

2015 年，包括中国在内的联合国 193 个会员国共同通过了《改变我们的世界——2030 年可持续发展议程》，提出 17 项具体的可持续发展目标（SDGs），为全球可持续发展议题确立了统一的框架。17 个 SDGs 目标，8 项属于社会领域，5 项属于环境领域，4 项属于经济领域（包括公司治理），为相应领域的 ESG 可持续主题投资提供了基本遵循。

2016 年 9 月，中国政府制定并发布《中国落实 2030 年可持续发展议题国别方案》。文件指出，“中国政府已将可持续发展议程与国家中长期发展规划有效对接，建立了国内落实工作的协调机制，将为落实可持续发展议程提供有力的制度保障”。

据权威部门测算，为实现 17 项可持续发展目标，全球每年的资金需求在 6 万亿—7 万亿美元。其中，发展中国家每年的资金投入需求为 3.3 万亿—4.5 万亿美元，由于发展中国家公共财政力量有限，每年所能提供的财政支持约为 1.4 万亿美元，有 2 万亿—3 万亿美元的资金缺口，要靠私人部门的有效投资来填补。这中间蕴含的投资机遇，为可持续发展主题投资提供了广阔舞台。

表 6–2 17 个 SDGs 目标

序号	名称	所属领域	内容
1	无贫困	社会	在全世界消除一切形式的贫困
2	零饥饿	社会	消除饥饿，实现粮食安全，改善营养状况和促进可持续农业
3	健康良好与福祉	社会	确保健康的生活方式，促进各年龄段人群的福祉
4	优质教育	社会	确保包容和公平的优质教育，让全民终身享有学习机会
5	性别平等	社会	实现性别平等，增强所有妇女和女童的权能
6	清洁饮水和卫生设施	环境	为所有人提供水和环境卫生并对其进行可持续管理
7	经济适用的清洁能源	环境	确保人人获得负担得起的、可靠和可持续的现代能源
8	体面工作和经济增长	经济	促进持久、包容和可持续的经济增长，促进充分的生产性就业和人人获得体面工作
9	产业创新和基础设施	经济	建造具备抵御灾害能力的基础设施，促进具有包容性的可持续工业化，推动创新
10	减少不平等	社会	减少国家内部和国家之间的不平等
11	可持续城市和社区	经济	建设包容、安全、有抵御灾害能力和可持续发展的城市和人类居住区
12	负责任的消费和生产	经济	采用可持续的消费和生产模式
13	气候行动	环境	采取紧急行动应对气候变化及其影响
14	水下生物	环境	保护和可持续利用海洋和海洋资源以促进可持续发展
15	陆地生物	环境	保护、恢复和促进可持续利用陆地生态系统，可持续管理森林，防治荒漠化，制止和扭转土地退化，遏制生物多样性的丧失
16	和平、正义与强大机构	社会	创建和平、包容的社会以促进可持续发展，让所有人都能诉诸司法，在各级建立有效、负责和包容的机构
17	促进目标实现的伙伴关系	社会	加强执行手段，重振可持续发展全球伙伴关系

资料来源：根据可持续发展官方网站相关内容整理

在此，有必要对“可持续投资”与“可持续发展主题投资”两个概念做个辨析。从发展沿革来看，“可持续投资”是连接“伦理投资”、“责任投资”与“ESG 投资”的一个概念演化桥梁。从这个意义上看，可以将“可持续投资”视为“ESG 投资”概念的前身，二者在内涵上高度重合，在目前 ESG 实践中，多数场景下可将其视为同义语。比较而言，“可持续发展主题投资”只是 ESG 投资中的一个具体方法，当归为“可持续投资”的下位概念。

作为可持续投资众多方法中的一种，可持续发展主题投资的核心驱动力，主要来自联合国 17 项可持续发展目标的政策赋能。基于政府、金融机构、社会组织等各方的政策激励，投资者通常会采用自上而下的方法，从宏观经济的结构性变革中寻找投资机会。

比如，联合国开发计划署为面向中国的投资者研制并发布的《可持续发展目标投资者地图（中国）简报》（以下简称《地图（中国）简报》，就按照“从上至下”的原则，对可持续发展主题进行筛选，最终为投资者生成合适的投资标的。“地图”将整个投资机会的生成过程分为“确定国家优先发展需求”、“确定重点关注的子产业”、“确定重点地区”和“筛选更具体的投资机会领域”等四个步骤。

《地图（中国）简报》基于对中国宏观经济禀赋的分析，筛选出“可持续农业和农村发展”、“医疗保健”、“循环经济”、“低碳经济”和“技术创新”五个重点领域，然后将其与可持续发展会计准则委员会（SASB）制定的可持续行业分类系统（SICS）5 个行业——“食品与饮料”“医疗保健”“基础设施”“可再生与替代能源”“技术和通信”，进行交叉对应，得出 34 个适合投资的子产业主题。在此基础上，再结合国务院以及人民银行、财政部、国家发展和改革委员会等部委文件的政策精神，进一步确立 14 个重点投资主题（表中浅色部分）。[①]

表 6–3　中国发展优先领域与 SASB 可持续发展行业分类对标图

中国发展优先领域	可持续农业和农村发展	医疗保健	循环经济	低碳经济	技术创新
对应的SASB产业分类	食品与饮料	医疗保健	基础建设	可再生与替代能源	技术和通信
SASB 分类标准下的子产业	农产品	生物技术与制药	电力设备与发电机	生物燃料	电子制造与原始设计制造硬件
	肉类、家禽和乳品	医疗设备供应	通用天然气与分销	太阳能技术和项目开发	
	加工食品	医疗保健服务供应	供水服务	风能技术与项目开发	互联网媒体与服务
	非酒精类饮料	医疗保健分销	垃圾管理	燃料电池和工业电池	半导体
	酒精类饮料	护工管理	工程与建造服务	林业管理	软件与 IT 服务
	烟草	药品销售	家庭建造	纸浆和纸制品	电信服务
	食品零售与分销		房地产		
	餐饮		房地产服务		

资料来源：根据《可持续发展目标投资者地图（中国）简报》相关内容整理

最后《地图（中国）简报》运用大数据技术挖掘 10300 份省级政策文件数据和 29900 个相关性较低一级的政府文件数据，编制了专用的政策 / 制度指数，以此对项目进行区域性筛选，从中选出适合项目落地的重点区域。最后,《地图（中国）简报》根据可持续影响力、市场潜力和政策支持三个指标，最终确定具体的投资机会

① 图表内容引自《可持续发展目标投资者地图（中国）简报》。

领域。

MSCI 运用可持续发展主题投资策略开发了四大类主题指数，分别为："环境和资源""变革性科技""社会和生活方式""健康与医疗保健"。每个大类又往下细分为若干二级主题，合计 27 个可持续发展主题指数。[①]

2020 年 6 月，中国国际经济技术交流中心与联合国开发计划署驻华代表处联合编制了《可持续发展投融资支持项目目录（中国）技术报告（2020 版）》。目录编制提出了四项主要原则，除了"多利益相关方参与""不让任何一个人掉队""不另起炉灶"三个原则之外，还明确提出了"动员私营部门投资"原则，意图"通过提供具有可投性的项目清单鼓励金融机构的参与，调动私营部门资本"[②]。

可以预见，在国家政策激励之下，随着科学操作工具和衡量指标的不断丰富，中国可持续发展主题投资即将迎来新一轮高速发展的历史机遇。

影响力投资

影响力投资是以专题推动公益事业进步为目的的专业投资活动，这种投资模式由洛克菲勒基金会于 2007 年最先提出，此后，影响力投资在全球范围迎来高速发展。

根据全球影响力投资网络（GIIN）发布的年度调查数据，截至 2019 年年底，基于 1720 家影响力投资机构的测算数据，全球影响

① https://www.msci.com/our-solutions/indexes/thematic-investing

② 《可持续发展投融资支持项目目录（中国）技术报告（2020 版）》，第 12 页。

力投资的市场规模已经达到 7150 亿美元。而根据 PRI 、摩根大通和 IFC 的测算，这个数据还要更高，大约在 1 万亿到 2 万亿美元。

国内影响力投资起步晚于欧美发达国家。2000 年前后，青云创投等首批影响力投资机构陆续成立。2013 年 9 月，国务院文件《关于加快发展养老服务业的若干意见》提出“逐步使社会力量成为发展养老服务业的主体”，为影响力投资的政策支持破题。之后，国务院和各级地方政府陆续出台系列文件，鼓励社会资金积极投资养老服务、残疾人医疗养护、脱贫攻坚和乡村振兴、环境保护、城乡发展和创新创业等。

2012 年，中国首只影响力投资基金——中国影响力基金（China Impact Fund）宣布成立。2014 年，南都公益基金会联合 16 家公益基金会共同发起成立中国社会企业和社会投资联盟，进一步壮大影响力投资的力量。

2015 年，致力于影响力投资人才培养的国际公益学院在深圳成立。2016 年，社会价值投资联盟在深圳成立，这是中国首家致力于促进影响力投资的公益性平台机构。根据社会价值投资联盟测算，截至 2019 年年底，我国影响力投资总额大约在 1.36 亿美元，正当方兴未艾之际。

值得一提的是，2018 年 3 月，深圳市福田区政府出台《关于打造社会影响力投资高地的意见》文件，提出“支持发行社会影响力债券，设立社会影响力投资引导子基金；对通过认证的社会企业给予一次性 3 万元支持”，将支持影响力投资政策推上新的台阶。

GIIN 将影响力投资定义为：“旨在产生积极、可衡量的社会和环境影响同时取得财务回报的投资。”基于这个定义，GIIN 提出了界定影响力投资的四大核心要素，分别是“主观目的性”、“财务回报”、“跨资产类别和收益层级分布”和“影响力计量”。

深入理解这四个要素，是区分影响力投资、传统投资和公益慈善等相似概念的关键。

“主观目的性”指出，“影响力投资者要有通过投资产生积极的社会或环境影响的意图，这一点，对影响力投资至关重要”。也就是说，影响力投资强调要有一个明确的投资动机，那就是推动某项环境或者社会领域里的公益事业。这一点，和其他以获取利润为唯一目标的传统投资行为有明显区别。

“财务回报”是说，“影响力投资预计将产生资本财务回报，或者至少产生资本回报”。影响力投资虽然有公益目标，但它本质上还是投资活动，因此也要讲财务回报。很显然，若使以上说法不矛盾，影响力投资必须能兼容社会公益和财务回报两个目标。

实践上，影响力投资一般采用“双重底线”或“三重底线”的方法平衡上述目标。比如，双重底线方法要求，如果设定一个较高的投资回报率，就会同时设定一个基于公益考虑的底线目标，追求高财务回报要以不突破公益底线为前提。同样，如果投资锁定了一个理想化的公益目标，那就需要一个底线收益率来约束，理想虽然丰满，但也不能忘了投资赚钱的本分。“三重底线”法，则会设定环境、社会和财务收益三条线，互为前提条件，理论本质上与“双重底线”法没有区别。

“跨资产类别和收益层级分布”是指，“影响力投资的目标财务回报范围，从低于市场回报水平到正常的风险市场收益率均可，同时，可以跨资产类别进行，包括但不限于现金等价物、固定收益、风险资本和私募股权等”。这一条明确了影响力投资的方法论定位，它不是一个特定的资产类型，也没有收益率方面的专门限定。

“影响力计量”要素要求“投资者承诺计量和报告基础投资的社会和环境绩效及其进展，同时要通过披露投资信息确保透明度和可问责性，促进影响力投资领域的建设和发展”。这一要素为影响力投资赋予了量化色彩，也就是说，通过投资对某项公益事业的促进，不能是笼统和定性的，必须有科学方法论对绩效加以量化监测。

为帮助影响力投资人量化其在环境和社会等领域取得的进步绩效，GIIN 网站提供 IRIS+ 数据库系统供投资人免费使用。IRIS+ 数据库系统的开发，重点考虑了“能够据此制定社会和环境目标，同时有利于向利益相关者说明情况”“尽可能地使用标准化指标体系”“能够根据这些目标，对被投资方的绩效进行监测和管理”“便于向利益相关方报告社会和环境绩效”等四方面要求。IRIS+ 数据库系统得到市场广泛认同，目前已有超过 27000 名注册用户。[①]

影响力投资目前已经发展出相对完善的生态圈，根据不同行业特征和业务逻辑，市场可以匹配不同的影响力计量方法和工具，下图列举了 15 个常用的影响力计量框架和工具，以供投资人参考。

表 6-4 影响力计量框架和工具

序号	名称	简称	特色功能	下载网址
1	B-分析	B-Analytics	全世界最大的社会与环境表现数据库（包括 1100 多家企业），专为私人企业量身打造业内衡量标准，并收集该企业的社会与环境表现数据作比较	ww.b-analytics.net
2	平衡计分卡		衡量社会影响力、金融、顾客体验、商务流程以及学习 / 成长五大板块的表现	www.newprofit.org
3	Endeavor 影响力评估仪表板	Endeavor	专门衡量企业对所在国家的金融、就业、社会与区域等方面的影响力	www.endeavor.org/impact/assossmont
4	GIIRS 影响力的评分系统	GIIRS	GIIRS 的评分系统类似晨星的投资评级以及标准普尔的信用风险评级	www.b-analytice.net/girresratings./
5	HIP 计分卡	HIP	将各类投资产品的未来风险、回报潜力以及对社会的（净）影响力分成不同的等级。评级标准包括 3 种维度：产品与服务、营运矩阵与管理实践，基于 HIP 的 5 个影响力核心是健康、财富、地球、平等与信赖	www.hipinvestor.com/forcompanies/hipaeorecards/

① 截至 2002 年 4 月 24 日的官网数据，https://iris.thegiin.org/

（续表）

序号	名称	简称	特色功能	下载网址
6	IGD 影响力衡量框架	IGD	按行业划分的评价系统，旨在识别社会经济相关的影响力、指标与矩阵。包括 4 个商业战略驱动因素：实现企业成长、提高营运效果及通过价值链提高生产率、承担社会责任、改善运营环境	igdicaders.org/documents/IGD_MeasuringImpact.pdf
7	IRIS 影响力报告和投资标准	IRIS	GIIN 创立的普遍适用的业绩矩阵表（通用以及分行业），能帮助企业提供一致、可靠的分析报告，促进企业之间的对比，并对投资组合的指标进行加总计算	www.iris.thegiin.org
8	LMDG 逻辑模型开发指南	LMDG	W.K. 凯洛洛（W.K.Kellogg）基金会原为非营利组织研发的工具，用来开发及使用项目逻辑模型（改变理论）。投资者根据指南对影响力投资项目及投资对象进行评估。指南还包括建立逻辑模型的练习、实例分析以及空白的模型模板，以助力投资者创建自己的逻辑模型，还包括更多的资源和参考案例	www.wkkf.org
9	影响力衡量框架		帮助管理层落实企业社会经济影响力的识别、衡量、评估和排序的框架和指引，包括工作文本、样本指标与矩阵	www.wbcsd.org
10	成果矩阵工具		帮助计划及评估社会影响力的工具，包括九大影响力的结果领域和 15 个受益群体的结果指标和测量。使用者可选择相关的结果、测量及受益群体，并以电子表格的形式导出为使用者量身打造的结果矩阵。由大社会资本（Big Society Capital）、同善投资、新慈善资本（New Philanthropy Capital，简写为 NPC）和其他机构联合开发	www.bigsocietycapital.com
11	PPI 脱贫进展指数	PPI	用于计算位于国家贫困线与国际贫困线（每天平均收入 1 美元）以下的被调查人群（例如目标客户群）占比的方法，包括详细的操作指南、调查工具及工作表格。可帮助投资人随时追踪受益人群的贫困程度	www.progressoutofpoverty.org
12	Sinzer 影响力测量软件平台	Sinzer	实现影响力绘图、高效数据采集和结果分析、提供数据采集模板（例如客户调查），生成仪表板及场景方案。投资人可利用软件平台开发自定义的框架或使用平台已开发的框架	www.sinzer.org
13	SROI 社会投资回报率	SROI	通过将价值归因在特定结果，对社会影响力进行量化处理的方法。影响力以货币或者货币化方式进行衡量。相对于基础的案例情况、SROI 将项目划分为投入、活动、输出及结果 4 个方面	www.thesroinetwork.org
14	SROI 工具	SVT	为个体企业与投资组合设计的衡量和管理影响力的工具箱。在 SROI 网络的基础上，SROI 工具箱在货币化影响力和对比指标方面提供了更多的灵活性	www.svtgroup.net/solutioas/manage2impact
15	TRUCOST 环境影响力衡量工具	TRUCOST	企业用于衡量环境影响力的工具。不仅能量化企业对环境的影响力，还能为企业的环境影响力定价，并且帮助企业指出相关的营业风险	www.trucost.com

资料来源：《影响力投资》[1]

① 〔瑞士〕尤莉娅·巴兰迪纳·雅基耶：《影响力投资》，唐京燕、芮萌译，中信出版社 2020 年版。

明确了上述四个要素，影响力投资与公益慈善、传统投资等类似投资模式的区别和优势也就非常明显了。

与传统慈善相比，影响力投资是一种支持公益事业的商业模式，这种模式的好处在于持续性和规模化。影响力投资因为能够盈利，所以能够源源不断地为投资对象提供支持；同时，影响力投资着眼于对解决问题有规模效应的机制、技术、模式等的投资，其最终目的不限于把某个人救出苦海，而是要彻底消除苦海，从根本上解决问题。如果说，传统慈善是授人以鱼，那么影响力投资就是授人以渔。

与传统投资相比，影响力投资者多了一个慈善目标，从这个意义上说，它是借助商业力量的慈善主体。因此，影响力投资在做投资决策时，往往会有一个明确的、量化的公益标准。比如国内知名的影响力投资机构——禹闳资本就要求，“所投标的有超过 50% 的主营收入须来自解决环境和（或）社会问题的产品和服务”。在某次投资过程中，禹闳资本锁定的投资对象盈利能力很好，已经具备 IPO 条件，但即便如此，仅仅因为“其主营业务收入只有 43% 左右来自绿色环保产品的生产和销售”，没有达到 50% 的要求，而最终遭到否决。[①]

作为行业引领者，2020 年 11 月禹闳资本推出“中国影响力投资主题图谱（禹闳 1.0）”，为行业标准建设奠定基础。具体内容如下：

---

① 唐荣汉：《影响力投资是用商业方法、金融手段解决社会问题》，https://baijiahao.baidu.com/s?id=1717130147835944994&wfr=spider&for=pc

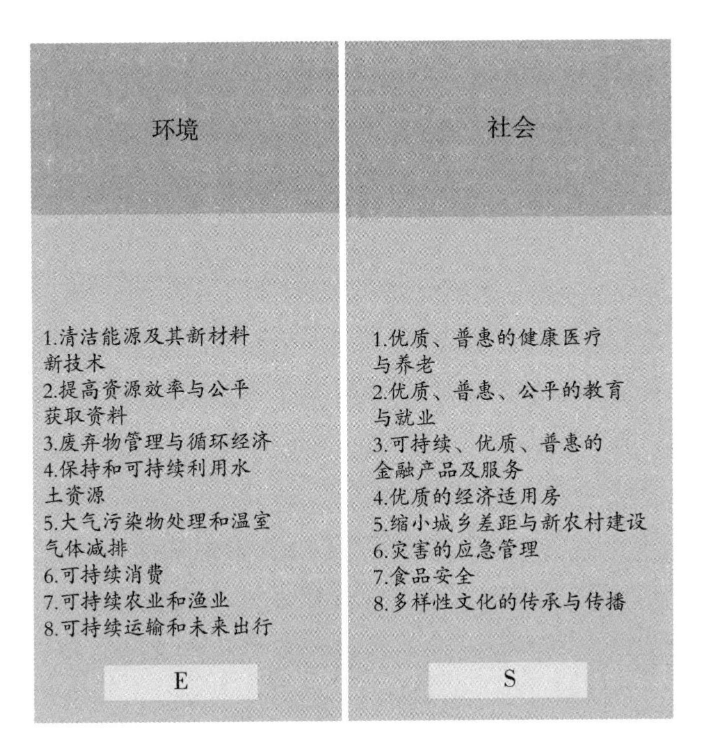

图 6-3　中国影响力投资主题图谱（禹闳 1.0）

下面来看一个影响力投资的典型案例——灵析公益 App[①]。

灵析是爱佑慈善基金会“影响力投资”的首个项目。灵析的产品是一款大数据在线搜集和管理 Sass 软件，多项功能专为公益组织而设计开发。灵析办公室的墙上贴着一句口号：“每个智慧公益背后都有灵析。”

2009 年，当时还在媒体工作的易昕到汶川地震灾区当志愿者。当地很多做灾后重建的公益组织还在用人工的方式处理数据，结果

① 田甜：《影响力投资中国破局禹闳资本——顺应大势解决社会问题》，《中国企业家报》，http://finance.sina.com.cn/china/gncj/2018-08-06/doc-ihhhczfc6810116.shtml

信息量一上来人就手忙脚乱。

易昕萌生了一个想法，用技术手段搭建一个信息平台，提供给公益组织使用。2012 年，易昕与两位北京邮电大学校友一同创办了灵析。

灵析最初的产品形态是一个在线志愿者平台，但公益组织对于不知名的新平台并不买单。2013 年雅安地震发生后，公益组织需要处理大量的捐赠人和救灾信息，灵析为友成企业家扶贫基金会开发了一套信息管理系统。比如向捐赠人发送救灾日报，用普通邮箱发送几万封邮件需要好几天，使用灵析的系统数秒之内便可完成，而且显示是“一对一”发送。

灵析的产品得到很好的使用评价，开始在公益圈内小有名气。经过几次更新迭代，目前灵析有免费版、小微版（1888 元 / 年）、标准版（4999 元 / 年）、专业版（12000 元 / 年），还有年费在 10 万元以上的定制版。不同版本的主要区别在于服务范围和部分高级功能。比如免费版每月能发送 1000 封邮件，专业版发送邮件的上限是 3 万封。

爱佑团队从“爱佑益 +”资助的伙伴那里了解到他们在使用灵析。很多伙伴反映，灵析价格低，功能针对性强，服务好，比如用户在使用灵析时遇到任何困难都可以在线咨询，很快就能得到解答。

爱佑随后将灵析列为候选公司。

“商业投资的方法论已经很成熟，就按照投资机构的标准看项目，除此之外我们重点评估有没有公益属性。”爱佑慈善基金会执行秘书长丛志刚向《中国企业家》表示。

当时灵析大约有 4000 个付费用户，在公益行业中算是小有规模。丛志刚说，他看中灵析是公益属性很强的商业公司。与同为提供大数据管理软件的纯商业公司相比，灵析的优势在于他们了解公益行业和价值观驱动。开发同类产品前，必须花大量时间了解公益组织的业务及客户需求，面向公益组织的产品也不可能收费太高，如果从纯商业的角度看，这笔生意并不划算，很多大公司进入意愿不大。

2016 年年初，灵析获得爱佑慈善基金会 300 万元影响力投资。截至 2018 年第一季度，灵析共有 1 万多家付费用户。

很多公益组织使用灵析是从免费版开始的，随着业务规模的扩大逐渐更替更高级的版本。看到中小型公益组织付费能力不断提升，易昕感到开心，这意味着公益组织的成长。

义利螺旋——ESG 投资方法论的特征分析

从“负面剔除”到“影响力投资”，ESG 投资七大基本策略中贯穿着一根基于伦理规范的价值观红线，这是 ESG 投资区别于其他投资类型的本质特征所在。对此，ESG 投资研究者给予了充分关注。

比如，Bridges 基金管理公司在其专著《资本谱系》中，用单纯追求价值观影响力的慈善事业和单纯追求经济利益的传统投资作为两个端点，构建了一个比较不同投资类型的框架。在这个分析框架中，影响力目标和经济利益目标此消彼长，形成了下面的投资类型谱系：

（1）慈善事业类：仅限于影响力。

（2）影响力优先类：影响力优先，并伴随一定财务回报。

（3）主题类：需求创造获得市场利率或优于市场利率回报的机会。

（4）可持续类：通过积极投资选择和股东倡导创造 ESG 机会。

（5）负责任类:ESG 风险管理，包括从考虑 ESG 因素到负面筛选。

（6）传统类：只追求经济利益。[①]

这类研究深入辨析慈善活动和投资活动的本质区别，为我们研究 ESG 投资提供了光谱透视。这对人们树立正确认识具有不可或缺的作用。

但是，理论问题并未因此得到解决。因为，从纯粹的理论逻辑来说，即便已经非常清楚地知道什么是慈善活动，什么是传统意义上的投资活动，我们仍旧无法在这个划分标准之上，给出一个独立自洽的 ESG 投资定义。形式逻辑的严格性不允许把 ESG 投资定义为：既追求经济利益又不追求经济利益的活动。

这一点，既让人烦恼，又使人欣喜。欣喜之处在于，辩证法告诉我们，世界的本质其实就是矛盾。未发现矛盾，往往只是因为事物发展不够深入。反过来看，矛盾的尖锐化恰恰说明：ESG 投资的发展，正在把投资活动推向一次历史升级。

中国文化里有一个容易被忽略的深刻思想，叫作“大学之道……在止于至善”。简单理解它，就是：劝人向善，要求人把善行做到极致。但是，如果我们用一个问句去究诘它，如果我们追问：为什么不是“止于至强”“止于至大”“止于至多”，或者止于其他的什么标准？

因为，强中更有强中手，因为，N 后面永远会有一个 N+1。凡是由形式逻辑量化的东西，必定会堕入“恶无限”[②]的深渊，永远无法给运动着的世界设定边界。这是纯粹理性在能力上的缺陷。

---

① 转引自〔美〕马克·墨比尔斯，卡洛斯·冯·哈登伯格，格雷格·科尼茨尼等著：《ESG 投资》，范文仲译，中信出版社 2021 年版，第 106 页。

② 微积分发展初期，理论上无法处理“无穷小”概念造成的形式逻辑矛盾，故称之为“恶无限”，由此引发的第二次数学危机，推动了数学方法对形式逻辑的超越。

但是“善”概念不一样。东西方哲学家们在人类历史早期就不约而同地关注到了“善”的概念特征：它不是形式逻辑下的量化概念，而是基于自由意志的实践概念。“善”要求人“允执厥中”，本质上就是“平衡”“中庸”“节制”等自我控制，“善”要求主体给自己立法，强调自我节制，不把事情做过头，要知止。因此，只有“善”才能成为人类系统的唯一边界。

回到 ESG 投资上，ESG 投资通过吸纳伦理要素来壮大自己，从哲学本质上看，就是要在投资过程中运用实践理性进行自我平衡，平衡长期利益和短期利益、平衡个人利益和包括自己在内的公共利益（气候和环境是最突出的体现）、平衡局部利益和根本利益等。就其利用“伦理法则”来抵达系统边界的意图来看，ESG 的出现，意味着投资活动正在迈向“至善”的历史阶段。

那么，ESG 能否投出新的历史高度？答案取决于方法论的突破。

事实上，投资和伦理的纠缠，在资本主义早期就已进入人类理论视野。正如我们在第 1 章里曾提到的那样，自由市场的理论创始人斯密，他本人同时也是个伦理学家。他为这个矛盾找到的出路是：“看不见的手”。资本主观追求经济利益，客观上也就服务了他人。从方法论角度说，这是一种替换，是把伦理目标替换为单一经济目标。矛盾并没有解决，只是被遮在了幕布后面。

但是，情况正如之前说的那样，“未发现矛盾，往往只是因为事物发展不够深入”。随着全球化和信息技术的进步，当今天的投资活动欲就整个人类体系谋求效益最大化时，就不得不退回到斯密的问题原点上，重新发展更加先进的方法论。

20 世纪中后期，哥德尔不完备性定理的提出，破除了科学方法论的数学迷信。人们逐步认清了数学系统所固有的不完善性。站在这个科学哲学的最新高度上，投资活动的方法论发展由此展现出两个重点。

一是，用定性标准调整定量结果。这个办法简单易行，早在伦理投资阶段就被投资人广泛运用。当下的任务在于从理论上确认其基础方法论地位。据此，在实践中要进一步完善信息披露制度，大幅增强信息可得性，同时，结合主体特征，加强观测、判别、定性等认知工具的开发。

二是，将定性因素纳入定量过程。在这一点上，马科维茨的贡献具有历史性。他为投资活动创造了一个用定量方法吸收定性因素的工具。在马科维茨之前，风险只能定性处理。马科维茨提出用方差量化风险，历史性地提高了投资工具预测定性问题的效度。

虽然，马科维茨发展的投资工具，本意并非要解决公益和私利的矛盾，但是客观上推动问题解决向前迈进了一大步。原因简单，伦理问题都是定性问题。在马科维茨的框架下，这些问题都可以输入风险和收益的公式得到量化处理。

量化投资理论另外一个非常重要的思想贡献在于，进一步看出了风险和收益的一体性。这一点，对于我们正在讨论的这个问题异常重要。这种看问题的角度，事实上恢复了被斯密遮蔽的理论视野。也就是说，伦理问题不是独立于经济分析框架之外的东西，也不是“看不见的手”能一劳永逸解决的，是要“用手投票”深入具体问题才能根本解决的，它恰恰是投资人应该重点关注的问题焦点。

企业经营活动中的违法背德行为构成风险，而风险和收益是一体的。投资活动不能单独考虑收益，要运用风险调整收益率来衡量投资决策。关注收益就得关注风险，关注风险就得关注伦理，关注社会、环境和公司治理等问题。

在马科维茨的创新基础上，ESG 得以在方法论上支撑起一种历史先进的投资模式。

义利对撑的螺旋动力机制

道义
道义体现为施加于人的功利

功利
功利来自施行道义所产生的长远回报

风险
风险起源于对投资收益的追求

收益
收益来自风险暴露

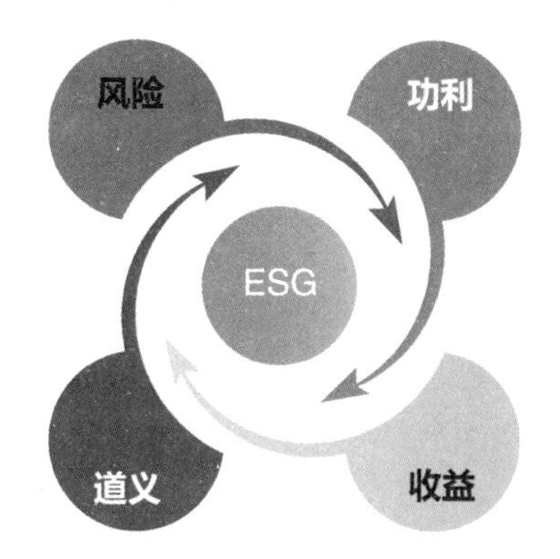

图 6–4 义利螺旋

相比于斯密的替换思路，ESG 投资策略的本质优越性在于，它恢复了被经济目标所替换的伦理目标，而且用一体化的观念看待这两个目标。

一体化的思想提供了突破形式逻辑的视角：在更底层和宏观的机制上，这两个目标之间的矛盾关系是可以相反相成的。所谓的道义，即公益慈善，体现在施加于他人的功利；而所谓的功利，即 ESG 的溢价部分，又来自施行道义所产生的远期回报收益；所谓的风险，起源于对投资收益的追求；而所谓的收益，正如量化投资理论定义的那样，要来自风险暴露。道义与功利、风险与收益，这个表面上的矛盾对立，实际上被转换成内在的相互支撑和正反馈强化机制。

造福社会与满足私利，看似容易产生矛盾的两个目标，却能通过定性调整与数学优化的方法形成相反相成的聚合力，这种力量将为人类塑造更高阶的理想社会形态，我们不妨把这种作用力机制称为义利螺旋。在投资中构筑并运用这种义利对撑的螺旋动力机制，就是所有 ESG 投资策略本质上的共性特征。

可见，义利螺旋机制的实质其实就是在微观金融过程中系统性地纳入社会、环境和公司治理方面的非财务要素，从而为金融系统连通储蓄与投资的核心机制注入新变量，促其逐步向可持续性金融演化。而在传统的金融机制中，这个功能主要由监管者从宏观层面实施的，市场主体原则上无须对此负责。

ESG 投资目前正处于历史发展的关键阶段，距离“止于至善”的终极目标，还有很长的路要走。历史的突破，有待于创新方法和工具的不断涌现。就可预见的未来看，超越形式逻辑的局限，将伦理目标与经济目标一体化看待，将定性方法与定量方法结合使用，将静态矛盾的对立消耗，转化为动态螺旋的收益增量机制，构成了 ESG 方法论创新的前进方向。

- 7 -
典型案例分析

绿色能源项目资产证券化[①]

贵安“多能互补分布式能源中心”项目基本情况

贵安“多能互补分布式能源中心”项目（以下简称项目）位于贵州省贵安黔中大道金甘大道，东临贵安大道，紧邻花溪大学城。片区内包括酒店、高层办公、商业、学校等成片小区及其配套综合服务区。总建筑面积50.69万平方米，其中住宅建筑面积15.6万平方米，商业建筑面积6.4万平方米，学校建筑面积0.94万平方米，办公建筑面积5.8万平方米，公寓建筑面积2.7万平方米，酒店建筑面积2.8万平方米。

项目是贵州省乃至国内首个采用“1+3”多种能源互补模式建造的智慧能源项目。“1+3”多能互补指的是，1种清洁能源（天然气）与3种可再生能源（水源热泵、太阳能光热、空气动力储能）的互补，通过热量回收和热泵等技术，充分吸收低品位的水源能、太阳能和空气源能等清洁能源，将其转化为冷气、热水、蒸汽和电力等形式，

① 本案例来自中国人民大学生态金融研究中心蓝虹教授，在此表示感谢。

实现能源的梯级利用和可再生能源的最大化利用。

项目主要技术包括，燃气冷热电三联供系统、水源热泵系统、太阳能光热系统、压缩空气储能系统、智能微网系统，并通过智慧能源管控平台进行自动控制。该技术具有占地面积少、投资规模小、经济效益好、"一站式"解决能源需求等特点，可用于商场、酒店和写字楼等城市综合体的供冷供暖，也可用于园区的综合供能，能够大大降低污染排放，提高能源使用效率。

项目主要为总建筑面积约 50 万平方米的贵安云谷综合体提供空调制冷、制热、生活热水及部分电力等服务。夏季室内设计温度为 24—26 摄氏度，冬季室内设计温度为 18—20 摄氏度，生活热水设计温度为 60 摄氏度。

项目相较于水冷机组 + 燃气锅炉的常规系统，每年能够节省标煤 2270 吨，减少 SO_2 排放 50 吨，减少 NO_2 排放 16 吨，减少 TSP 排放 25 吨，减少 CO_2 排放 6243 吨，而且零污染、零噪声、零排放，具有显著的生态环境价值。

云谷分布式能源中心供冷热成本为 0.44 元 /（千瓦 · 时），生活热水成本为 26.1 元 / 立方米。根据目前的收费标准 [住宅能源使用费为 40 元 /（平方米 · 年），非住宅使用费为 0.68 元 /（千瓦 · 时），热水为 30 元 / 吨]，每年可实现销售收入 3083 万元，净利润 975 万元。

在绿色金融政策支持下，贵州贵安电子信息产业投资有限公司已与贵州燃气（集团）贵安新区燃气有限公司、重庆京天能源投资（集团）股份有限公司合资成立贵州云谷能源科技股份有限公司，将多能互补分布式能源中心已开发、建设、运营的商业模式作为公司的支柱产业进行复制推广，着眼于新区，面向全省、全国发展。

项目绿色属性认证

第一，本项目充分利用水能、太阳能、风能、空气储能等可再生能源，采用多能互补分布式能源系统实现高效运行，兼具减少污染物排放和能源高效利用的特点，体现了显著的节能和环保效应。具体技术分析如下：

A. 水源热泵空调系统。水源热泵俗称“水空调”，是一种利用地球表面或浅层水源（江、河、湖泊等地表水和地下水）的蓄能，分别在冬季、夏季作为供暖的热源和空调的冷源，利用热泵机组实现低温位热能向高温位转移的高效节能空调系统，具有环保、节能、无须设置锅炉和冷却塔，以及降低城市热岛效应等优点。实践表明，水源热泵空调系统与传统空调系统相比可节约 40% 以上的能源。热电冷三联供及水源热泵系统的综合应用，对减少建筑能耗、提高一次能源的利用效率、减少碳排放量具有积极意义。

B. 太阳能（光热）系统。太阳能光热系统是利用太阳能集热器收集太阳辐射能把水加热的一种装置，是目前太阳热能应用发展中最具经济价值、技术最成熟且已商业化的一项应用产品。随着太阳能集热器和制冷系统的材料、工质、工艺制造、设计等应用技术的不断改进，太阳能光热系统的应用将得到广泛推广。太阳能作为一种新能源，又是一种洁净的能源，是人类可以利用的最丰富的能源，可谓是取之不尽，用之不竭；而且在开发利用时，不会产生废渣、废水、废气，也没有噪声，更不会影响生态平衡，绝对不会造成污染和公害。

C. 空气压缩储能系统。空气压缩储电装置是利用电力系统负荷低谷或天然气发电多余电量、风力发电时的剩余电量，由电动机带动空气压缩机，将空气压入作为储气室的密闭大容量容器或密闭地下洞穴内，即将不可储存的电能，转化成可储存的压缩空气的气压势能并贮存于容器或贮气室中。当需要电力时，将压缩空气减压后释放，驱动发电机发电，电力导入稳压器，再输入低压配电柜，输出至用电设备终端，满足电力系统调峰需要。同时，空气储能系统也可作为市政供电系统缺电时，保障发电机黑启动的备用电源。

D. 智能微电网控制系统。微电网是指由分布式电源、储能装置、能量转换装置、相关负荷和监控、保护装置汇集而成的小型发配电系统。通过控制系统可以实现对整个内部电网的集中控制，是一个能够实现自我控制、保护和管理的自治系统，既可以与外部电网并网运行，又可以孤立运行。它作为完整的电力系统，依靠自身的控制及管理供能实现功率平衡控制、系统运行优化、故障检测与保护、电能质量治理等方面的功能。

第二，项目的其他绿色属性。

本项目除具备能源系统高效运行特性外，还具备减少污染物排放的优点。本项目综合运用了水能、太阳能、空气储能三种可再生能源的联动，以此替代化石能源，大幅降低了污染和排放，环保意义突出。具体技术包括：利用天然气 + 电能 + 天然水能 + 高温烟气回收利用进行空调水的制冷制热；利用太阳能 + 天然气 + 智能自动调节进行卫生热水的加热，替代化石能源加热；利用天然河水循环系统对能源站相关设备进行降温处理，实现环保制冷，减少有害气体氟的排放；高温烟气回收利用技术，对高温烟气中的硫、硝等污染物进行处理，大幅降低硫、硝等污染物的排放等。

第三，认证结论。

综上所述，本项目完全达到《绿色产业指导目录（2019 年版）》第 3.4.6 条分布式能源工程建设和运营的相关标准。同时，技术上实现了污染物排放的大幅减少，体现了显著的环保价值，具有节能、减排的绿色特征，据此认证为绿色项目。

项目经济可行性分析

项目运营期年均销售收入 3083 万元，年均总成本 1699 万元（包括经营成本、利息支出、折旧费及摊销费），年均营业税及附加 33 万元，年均增值税 203 万元，年均所得税 172 万元，年均净利润额 975 万元（税后）。项目税前财务内部收益率为 12.46%，税后财务内部收益率为 10.86%，高于行业基准财务内部收益率 8%；项目静态总投资收益率为 8.20%；税前投资回收期 8.18 年，税后投资回收期为 8.97 年（含建设期）。

相比于采用传统中央空调系统供能，多能互补分布式能源系统节省初期投资 585.05 万元，节省运行费用 420.72 万元 / 年。另外，多能互补分布式能源系统每年减少 CO_2 排放 6243 吨，若进行碳汇交易，按照目前价格约 30 元 / 吨，则每年可带来 18.7 万元的经济效益。

项目的实施推动了当地清洁供暖工作，在解决当地冬季没有集中供暖问题的同时消除传统燃煤供暖能源利用效率低、解决了燃烧产生 CO_2、SO_2、粉尘所带来的大气污染等问题，降低污染排放，提高了能源使用效率。

同时，绿色金融工具的运用，改变了传统的集中供暖由供热公司的营收作为运营的主要资金来源方式，推动了项目投资运转，园区内使用者增加，扩大了项目的收益。企业运营分布式能源项目，一方面促进绿色技术不断应用与发展，另一方面创新融资模式，降低融资门槛，以绿色资产未来收益作为还款来源，实行表外融资，隔离母公司债务，即使母公司破产也不允许以绿色资产未来收益作为清产资源，通过上述方式，保障了绿色项目未来收益的安全性和稳定性。

绿色融资模式的优点

贵州贵安电子信息产业投资有限公司 2018 年固定资产只有 1.6 亿元，而完成后续绿色分布式能源项目建设所需资金量在 10 亿元以上，如果采用传统信贷方式，最多只能再融资 1 亿元，对于项目建设来说是杯水车薪。如果按照传统债券融资模式，则会给该公司造成较高的负债率。

通过使用国际化的绿色资产证券化融资渠道，将绿色资产从公司资产中独立出来，隔离公司债务，就可以将两个多能互补分布式能源站未来 15 年的合同收入提前变现，融资 10 亿元来支持规划中的 10 个多能互补分布式能源站建设，而且融资成本较低，不增加公司负债率。

经过贵安新区绿色金融技术团队的设计，贵安新区分布式能源中心绿色项目成功与建设银行签约落地。该项目将新区电投公司投资建设的云谷分布式多能互补能源站未来 15 年的合同收入，单独作为资产池，与电投公司的负债相隔离，提前变现融资 10 亿元，作为建设后续分布式能源站资金，融资成本仅为 4.35%。

经过精细测算，每个能源中心的现金流设计了“5+5+5”的融资期限，将第一期能源中心未来收益证券化后支持第二期投资，以此类推，从而实现“滚动融资、滚动开发”，有效降低融资成本，为负债率较高的企业建设绿色项目探索了一条新路。

目前，第一期资金即将到位。同时，该项目的减排量，也已经设计为碳金融产品，在北京环境交易所挂牌出售。

绿色资产证券化循环滚动融资的突出特点是：隔离母公司债务，

盘活绿色资产，不受母公司负债率影响，也不增加财政负债，且融资成本低。在目前国有企业和地方财政普遍负债率较高的情况下，这是绿色重资产项目融资的一条新路径。

贵安新区是新建城市，城市基础设施投资任务重，财政压力大，国有企业负债较高，绿色资产证券化这种隔离债务、表外融资的功能，对新区后续的绿色基础设施投资，可以发挥示范作用。

项目取得的有益经验

项目的典型经验如下：

一是向所有金融机构展示了具有重大生态环保价值的绿色项目并不是无收益或者收益不足的，只要对绿色技术进行合理选择和设计，绿色项目具有很好的经济回报。

就本案来看，可根据项目周边及贵阳市住宅小区冬季供暖市场价格进行分析比较：贵阳市住宅小区冬季供暖时间仅三个月，一套120平方米的居民住房，约需要供暖费用3600元；若采用本项目的互补分布式能源集中供能（供冷、供暖），可持续供冷加供暖共八个月时间，总费用约为4000元，能源使用成本大大降低。贵阳市办公楼集中供能费用每月约8元/平方米，而云谷分布式能源中心集中供能费用每月仅5元/平方米，费率降低约37.5%，具有良好经济效益。

二是该项目体现了绿色资产证券化作为绿色金融创新工具在隔离公司债务、降低融资成本方面的独特功能。

环保项目大部分都是重资产投资项目，绿色能源、污水处理、固废处理、园林绿化等重要环保项目的重资产特征尤为明显。环保行业资金密集型特征，使得其收入规模的扩张依赖于资产负债的同步扩张。近年来，环境治理低碳化需求释放、PPP 模式推广带动环保企业订单大幅增长，与此同时，环保行业负债率由 2011 年的 49%，上升至 2018 年的 60% 以上。

一方面，环保企业负债率高，导致了环保项目难以获得融资；另一方面，环保企业因为担心增大其负债率，也不敢投资环保项目。在环保企业已经严重负债情况下，如何解决重资产的环保项目的继续投资，成为困扰我国环境金融发展的瓶颈，这也是环保产业的一种世界性融资困境。

为此，国际上针对绿色项目特点，推出了一系列绿色金融专用工具，例如绿色项目融资、绿色资产证券化、绿色项目收益债等，其特点都是将绿色资产从母公司隔离出来，建立单独的资产池，以绿色资产未来收益作为还款来源，进行表外融资，隔离母公司债务，即使母公司破产，也不允许以绿色资产未来收益作为清产资源，从而保障绿色项目未来收益的安全性和稳定性。

该项目所在公司贵州贵安电子信息产业投资有限公司负债率较高，用传统债券融资模式，必然会极大增加其负债率。而且，负债率高的公司运用债券融资方式，不仅受限，而且融资成本也会较高。该项目采取绿色资产证券化工具融资，解决了以上这些融资难题，展示了绿色金融工具选择和设计，对绿色项目降低融资成本增加可融资性的重要作用。

三是该项目展示了碳金融对绿色项目收益的增进作用。该项目较于基准线技术常规水冷机组 + 燃气锅炉系统，每年节省标煤 2270 吨，减少 CO_2 排放 6243 吨，由此每年可形成的碳汇收益约为 18.7 万元，展示了减排量就是经济收益的环保价值。

鸿星尔克履行社会责任得到市场认同

鸿星尔克公司基本情况

鸿星尔克公司于2000年6月在福建省泉州市鲤城区成立，经过20多年发展，鸿星尔克现已成为国内驰名的综合体育用品品牌公司。自成立以来，鸿星尔克始终坚持“脚踏实地、演绎非凡”的经营理念，“To Be No.1”的品牌精神深入人心。

鸿星尔克倡导年轻、时尚、阳光的生活方式，聚焦体育用品市场，产品覆盖服装、鞋及配件。鸿星尔克拥有广泛的营销网络，覆盖32省、市、自治区，包括一、二、三、四线城市，截至目前，在国内外拥有店铺6500余家。在海外，产品行销欧洲、东南亚、中东、南北美洲、非洲等国家和地区，在全球100多个国家拥有商标专有权，相继获得“中国500最具价值品牌”“《福布斯》亚洲200佳”等殊荣。

鸿星尔克以“科技领跑”作为发展战略，致力于科技创新，以“匠心智造”推动产品迭代和运营升级。目前已拥有鞋服相关的发明专利近300项，并荣获“国家级知识产权示范企业”称号。随着互联网、大数据和云计算等技术的加速迭代，在十年信息化能力积累的基础上，鸿星尔克已锻造出一支信息化专业团队。通过与 SAP、IBM 等公司合作，融合大数据和人工智能的运用，鸿星尔克正在打造自己数字化的核心竞争力。通过数字化赋能运营能力的提升，用数字化实现用户体验的升级。

在未来的“双碳”大背景下，鸿星尔克将坚持“绿色”“低碳”的可持续发展理念，用新材料、新工艺打造更加“绿色”“低碳”“有社会责任感”的产品。

企业履行社会责任的历史表现

鸿星尔克积极开展关爱残疾人、抗灾抗疫、助教助学、环境保护和关爱员工等工作，积极投身公益活动。

关爱残疾人方面，2018 年 5 月，以“鸿星助力・衣路有爱”为主题的 2 年 6000 万元助残捐赠项目在北京正式启动，此项目为鸿星尔克第三次针对残疾人的慈善捐赠，6000 万元的爱心物资，将用于帮助贫困残疾人和家庭改善生活，受惠面覆盖“一带一路”沿线的埃塞俄比亚、肯尼亚、乌干达、圣多美四国，以及国内的福建、湖北、山东、宁夏、甘肃、云南、贵州等省区。

积极救灾方面，2015 年 4 月，尼泊尔大地震波及日喀则地区个别区县。鸿星尔克集团第一时间启动应急机制，组织人员对受灾地区进行物资支援，共计筹备物资约 320 万元。

支持教育方面，鸿星尔克成立“吴汉杰教育发展基金”，携手知名媒体爱心助学，除了直接向学校捐款外，还针对即将迈向社会的大学生，通过赞助“梦想基金”大学生网球主题创业计划、“2010 年鸿星尔克校园模特大赛”等方式支持教育事业的发展，帮助当代青年早日成为国家栋梁。

环境保护方面，鸿星尔克将企业社会责任意识贯穿于产品研发、生产、行销等各个环节。出于健康、安全、环保等方面考虑，鸿星尔克率先在行业引进水性胶粘贴技术，开发健康、环保制鞋材料，从生产材料、生产环境等各方面着眼，履行社会责任。

关爱员工方面，鸿星尔克一直把员工当作家人，成立“鸿星幼苗”职工子女辅导班，每到寒暑假，这个学习班就替员工们承担起照顾和辅导子女的责任，不仅让员工们更安心地投入工作，更提高了孩子们的素质。企业还定期对子女考上大学的困难职工家庭进行排查摸底，给予每个家庭 5000 元补助。①

事件经过

2021 年 7 月，河南郑州遭遇特大洪水灾害。鸿星尔克在自身连续亏损的境况下，第一时间捐赠价值 5000 万元的抗灾物资。这一善举得到网友高度赞许，相关新闻报道迅速冲上热搜。某微博的评论“娘嘞，感觉你都要倒闭了还捐了这么多”，引起全网共鸣，获得 20 多万人的评论和转发。

网友在社交网站上热烈追捧鸿星尔克，争先恐后地用订单点赞，引发一轮戏剧性的“野性消费”现象。以下是根据网络信息整理出来的十条相关言行摘录：

（1）为了不让鸿星尔克吃亏，网友自发购买鸿星尔克产品，他们说：“我们要把这家穷公司给河南捐的 5000 万元找补回来。”

① 以上内容摘自鸿星尔克官方网站，https://www.erke.com/

（2）主播每三句话就要重复一次理性消费，劝导说："老板叫大家理性消费"，但是粉丝并不"买账"，有网友直接回怼："叫你老板不要多管闲事。"

（3）主播说："我吃个润喉糖，再给大家看一下这款。"网友回复："你坐那儿吧，我们自己买。"

（4）网友让上贵一点儿的鞋，主播摸了半天拿出来一双349元的鞋，网友问还有没更贵的，主播说，这已经是最贵的了，平时都是卖七八十的。

（5）主播说有线头这些问题，可以7天无理由退货，网友说，别说有线头了，鞋底子掉了我都不会找主播。也有人说："本人已经在鸿星尔克购买了一身行头，日后穿出去如果不好看，那是我长得不行，跟鸿星尔克的产品没有任何关系。"还有网友说："尺码不合适，自己去医院修脚。"

（6）主播说不要冲动消费，真的有需要再买。网友说："我是蜈蚣。"

（7）本来准备下单，发现大部分都没货了，主播说，缝纫机已经蹬得冒烟了。

（8）有网友说："没货可邮寄吊牌，自己缝鞋。"

（9）有网友在直播间留言说："主播，我虽然没什么好买的了，但是你后面货架卖不卖？"主播说，这我卖不了。

（10）网友：能不能不优惠，不要发优惠券，有没有满500加100的活动。甚至出现一个顾客在实体店里买500元商品，结账时付了1000元，转身拔腿就跑。被网友调侃为"鸿星尔克新版霸王餐"。①

---

① 以上内容摘自鸿星尔克事件中相关的网络留言。

其间，鸿星尔克各地库存被一扫而空，生产线超负荷运转，仍然不能满足购买需求。实体店人满为患，抖音直播间的场均销量从4.5万涨到19.06万，翻了2番，直播间销售额突破亿元，总销售额暴涨50多倍。而就在2020年，鸿星尔克还巨亏2.2亿元，2021年一季度，仍然亏损6000多万元。几乎是在一夜之间，鸿星尔克迎来了命运的逆转。

某国家机关网站公开发文，赞扬这个现象，文章写道："支持鸿星尔克，实际是人们对善良价值的坚守，对'好人有好报'正义观的执着坚持。'为众人抱薪者，不可使其冻毙于风雪'，这是中国人朴素而可贵的价值观，也是几千年流传下来的崇德向善文化的重要内涵。对于一家保持社会责任感的良心企业，网友纷纷表示，'我们不允许你没有盈利'。风卷残云式地扫货，是对鸿星尔克真诚善良的回馈。一句流传很广的话这样说，'中国人的善良是刻在骨子里的'，感恩每一个无私付出的举动，让每一个善良的人都被善待。"[①]

事件的启发

社会责任带来品牌的"精神溢价"

心理学领域有个广为人知的五级需求层次理论，该理论认为，物质需求处于需求层次的最底层，当这些底层需求得到满足之后，更高的需求会逐层显现，最终到达"自我价值实现"等高级精神

① 来自中央纪委国家监委网站。兰琳宗:《鸿星尔克爆红：善引发善的动人故事》，https://www.ccdi.gov.cn/pln/202107/t20210726_142068.html

需求。

以经济学框架分析，需求是市场的起点，有需求才有供给，需求和供给的博弈结果，直接决定市场价格。履行社会责任可以满足“自我价值实现”等精神需求，在这个意义上可被视为一种市场价格因素。

这和奢侈品的定价原理相似，人们为奢侈品所付出的品牌溢价，无非是在购买“与众不同”的主观感受。鸿星尔克履行社会责任的行为，能使它的顾客获得道德高尚、负责任、爱国等正面自我评价和外部认同，无疑是一种高级的精神奢侈品。

在鸿星尔克事件中，有网友开玩笑说“这双鞋虽然是鸿星尔克的，但是鞋面没有 Logo，只有戴上吊牌穿了”“今天相亲，对方穿了一双鸿星尔克鞋，顿时觉得人品还行……”等。从中可以看出，品牌的“精神附加值”，而非实物的使用价值，才是绝大多数“野性消费”者的主要购买驱动力。

ESG 的青年力量

2021 年河南洪水灾害，得到全国各方支援，阿里、腾讯、富士康、小米等著名企业都有大额捐赠，为什么只有鸿星尔克受到网友追捧？从客户群体看，作为体育用品品牌，鸿星尔克的用户多为 30 岁以下的青年人，这样的客户人群特征，是驱动事件发展的一个重要因素。

青年人朝气蓬勃，理想主义特征明显，因而更容易接受 ESG 的积极价值观。《中国责任投资年度报告 2021》研究数据显示，22 岁到 30 岁之间的青年人，是以自身价值观驱动责任投资的占比最高的人群，其比例达到 36.8% 之多。从这个角度看，鸿星尔克事件发出的声音，正是中国青年正义态度的经济表达。

国外的 ESG 发展同样显示了这种年龄段特征。贾斯汀·洛克菲勒是洛克菲勒家族的第五代。作为千禧一代青年人，贾斯汀大学毕业后，全职投身公益事业。他与人联合创办非营利性机构 Generation Engage，致力于为社区大学的学生提供资源和途径，帮助他们积极参与所在社区的公共事务。之后，他又与人联合创办了社会性企业 ImPact，通过为影响力投资者提供基础知识和资源网络服务，推动影响力投资发展。[1]

青年代表社会的未来，青年人的热情参与，为 ESG 发展注入了活力和希望。“通过消费选择以及与他们认可的改变世界的公司进行合作，千禧一代已经将价值观与金钱保持一致”，经由青年的力量，ESG 正在成为塑造历史的重要方式。

社区的正向回馈

社会资本理论认为，蕴含在社会关系网络中的规则体系、情感支撑、公共关系、舆论认同等社会性要素，也可以发挥金钱资本一样的经济促进作用，这些包括财务和非财务的有利因素，统一被称为社会资本。鸿星尔克事件中，企业积极履行社会责任的行为，得到社会高度认可，其积极后果不仅仅体现在销售额的爆发式增长上面。

鸿星尔克在灾害发生之际奋不顾身地援助河南，必然会提高其品牌在全国尤其是河南省的美誉度，得到社区的更多支持。2021 年 11 月，鸿星尔克投资 1 亿元人民币，在河南商丘注册成立鸿星尔克

---

① 〔瑞士〕尤莉娅·巴兰迪纳·雅基耶著:《影响力投资》，唐京、燕芮萌译，中信出版社 2020 年版，第 130—132 页。

（商丘）实业有限公司，进一步加深企业与地方的良性互动。这种战略布局的背后，少不了社会资本的积极助力。

正确处理慈善与经济效益的关系

在 ESG 管理框架下，企业慈善活动要受公司治理原则规范，不是一种随意、无限制的道德冲动。鸿星尔克事件中，有人就此提出质疑，认为企业在高负债情况下，进行大额捐赠有可能损害股东、债权人等利益相关者的利益。甚至有人认为，捐赠目的不纯，有营销炒作之嫌。

这种观点显然不代表主流认知。一般来说，捐赠议案要经过严格的公司治理程序，其合法性具有制度和程序的保障。但是忠言逆耳，这种声音应当成为企业规范管理慈善活动的提醒。

除了严格公司治理程序之外，慈善捐赠活动在主观上须独立于经济效益目标。捐赠活动受社会责任、伦理义务的驱动，本身不能有营利考虑。客观上带来的积极财务影响，只是捐赠的附带效应，而非直接追求的目标。这一点，也是企业进行 ESG 管理的重点所在。

澳大利亚养老基金信披违规引发诉讼

原告与被告

原告马克·麦克维（Mark McVeigh）是澳大利亚布里斯班的生态学研究生。被告零售员工养老金信托基金（REST，以下称 REST）是一家澳大利亚行业养老基金，该基金管理规模高达 570 亿澳元，成员约有 170 万。它是澳大利亚第十一大基金，世界基金排名第 124 位。REST 是许多零售业工人默认的行业超级基金，原告马克于 2013 年加入这个基金。

案件经过

2017 年 8 月，马克通过电子邮件向 REST 索取其应对气候变化风险的信息。REST 的回应并未让马克感到满意，他不断要求 REST 提供更多气候相关风险评估过程的细节，但屡次未能成功。马克对此感到担忧，他认为："该基金在投资我的资金时没有认真对待气候变化。世界已经看到了全球变暖的影响。我的资金应该以一种优先考虑气候变化的方式进行管理。”

2018 年 7 月，马克向澳大利亚联邦法院起诉 REST。起诉状陈述了由于气候变化造成的物理风险和转型风险，并声称，REST 面临的气候变化风险是“重大的、可预见的和可采取行动的”，属于应当披露的范围，自己有权获得上述气候风险应对信息。

2018 年 9 月，原告又提交了一份经修订的索赔书。文件声称，受托人在使用马克的资金进行投资时，未能履行对马克的义务。依据澳大利亚《养老金行业监管法》第 52 节，受托人应当：（1）要求其投资经理向基金提供有关气候变化投资风险的信息，以供董事会或投资委员会审议。（2）确保内部流程和公开披露符合气候相关财务信息披露工作组（TCFD）的建议。马克认为，REST 违反了上述规定，未能从成员的最大利益出发，按照审慎退休金受托人的标准，谨慎、专业和勤勉行事。索赔书没有提出经济损失方面的诉求。

2019 年 4 月，受托人提交了索赔回复。他承认，气候变化将造成物理和转型影响，这些风险“是可预见的，在某些情况下是实质性的”“气候变化是许多重要因素之一”，并提供了有关这些因素的信息。

经过两年多的法律诉讼，2020 年 11 月，REST 和马克·麦克维达成最后和解。REST 承认，气候变化是养老基金面临的一个重大、直接和现实的财务风险。作为养老基金受托人，REST 积极识别和管理这些问题很重要，基金将据此进行情景分析，披露其投资战略和资产配置情况，披露其持有的全部投资组合，并倡导被投资公司遵守《巴黎协定》的目标。此外，REST 还承诺，将在 2050 年前，调整其投资组合，以使其达到净零排放水平，并根据 TCFD 规则进行相关信息披露。

当事人对诉讼结果的看法

对于这个诉讼结果，马克·麦克维说："今天的和解让我，以及其他近200万会员重新恢复了信心，我们需要知道，面对气候危机，我们的退休金将被负责任地投资。这起案件是对气候变化对经济和社会构成的重大金融风险，以及超级基金在其中的管理作用的突破性认识。我希望它能在一定程度上促进澳大利亚超级基金行业的发展，因为该行业管理着近3万亿美元资产，具有促进或破坏我们的气候应对措施的潜力。"

律师戴维·巴登评论说："这起案件对投资者和气候治理影响深远。这标志着澳大利亚大型超级基金首次认同气候变化的重大财务风险，并为保护其成员采取措施。很明显，资金不再与董事会成员打交道，而管理气候风险的职责也不能被委派出去。这一结果代表着市场应对气候风险意愿的重大转变——这一转变为澳大利亚乃至世界各地的其他养老基金开创了一个明确的先例。"[①]

案件的普遍性意义

养老基金是推动 ESG 投资的重要力量

养老基金具有资金规模大、监管严格、投资周期长和风险厌恶程度高等特点，是推动ESG投资形成飞轮效应的重要资金力量。全球范围看，世界知名的养老金基金投资大多在不同程度上吸收了

---

① https://equitygenerationlawyers.com/cases/mcveigh-v-rest/，https://climatecasechart.com/climate-change-litigation/non-us-case/mcveigh-v-retail-employees-superannuation-trust/

ESG 投资要素，比如：挪威政府全球养老基金（GPFG）的资产规模超过 1 万亿美元，是全球最大的主权财富基金。根据相关法律要求，2004 年 11 月该基金设立伦理委员会。著名 ESG 风险数据服务公司 RepRisk 为基金提供技术支持，就人权、腐败和环境退化等问题对基金的投资组合进行全程检测，严格禁止该资金投资于“在冲突中扮演着直接或间接助长杀戮和酷刑、剥夺自由和其他侵犯人权行为的公司”。

日本政府养老投资基金（GPIF）是全球最大的公共养老金投资机构，根据 2019 年年底的数据，GPIF 管理的资产规模大约为 1.57 万亿美元。GPIF 运用 ESG 整合方法优化投资，要求其外部资产管理人投资日本股票时，须按照基金的 ESG 要求，定期提交“优秀综合报告”、“进步最大综合报告”和“优秀公司治理报告”等。

荷兰退休金资产管理集团（APG）是荷兰最大的养老金资产管理公司，根据 2019 年 10 月的数据，APG 管理的资金规模约为 5280 亿欧元。APG 在投资的全流程中纳入 ESG 要素，将其视为获得优秀投资业绩的关键所在。APG 坚信，“如果投资者能够从投资策略层面更好地运用 ESG 因素进行投资，将使其对投资风险有更全面的了解，并将作出更好的投资决策”。[①]

加州公务员退休基金（CalPERS）是美国资产规模最大的公共养老基金，截至 2020 年年底，其资产管理规模接近 4000 亿美元。CalPERS 在投资过程中，严格地遵守“通过投资改变社会环境”原则，以此方式支持 ESG。

加拿大养老金计划投资委员会（CPPIB）是加拿大最大的投资管

---

① 中国证券投资基金业协会：《ESG 投资在养老金投资中的国际借鉴》，https://fund.10jqka.com.cn/20210408/c628417964.shtml

理机构，2019 年年报显示，CPPIB 管理的资产规模高达 3920 亿加元。CPPIB 认可 ESG 投资理念，认为企业积极履行社会责任会对其长期业绩产生积极影响，在“积极参与到公司中去”的原则指导下，CPPIB 运用“股东积极参与”方法积极开展 ESG 投资管理。

国内来看，证券投资基金业协会发布的《绿色投资指引（试行）》，明确规定：“为境内外养老金、保险资金、社会公益基金及其他专业机构投资者提供受托管理服务的基金管理人，应当发挥负责任投资者的示范作用，积极建立符合绿色投资或 ESG 投资规范的长效机制。”

中国基本养老金、职业养老金和个人养老金三类养老金总和超过 10 万亿元人民币。全国社保基金资金余额于 2020 年年末达到 2.9 万亿元人民币，其中，委外资金占比在 2021 年达到 65% 之多。2020 年 8 月，全国社保基金发布《关于选聘境外投资管理人的公告》，开始委托境外投资管理人开展 ESG 投资试点工作。

全国社保基金投资强调“长期投资、价值投资和责任投资的理念”，截至 2020 年 6 月末，共持有沪深 300ESG 基准指数成分股 75 只，市值合计 380 亿元人民币，持有沪深 300ESG 领先价值指数成分股 27 只，合计流通市值 124.7 亿元人民币。[①]相关负责人表示：“社保基金将在推广 ESG 理念、践行 ESG 投资方面发挥更加积极主动的引领作用。”[②]

---

① 陈春艳：《养老金引领 ESG 可持续性责任投资研究》，郑秉文主编：《中国养老金发展报告 2021》，经济管理出版社 2021 年版，第 19 页。

② 《全国社保基金理事会副理事长陈文辉：社保基金会将更主动积极践行 ESG 投资》，新浪财经官方账号，https://baijiahao.baidu.com/s?id=1688305713028174928&wfr=spider&for=pc

养老基金对气候风险的敏感性

养老基金涉及人口数量大，具有相当的公共属性，是社会稳定的资金基础，不容闪失，因此投资风格上是高度风险厌恶的。比如，中国的全国社会保障基金投资理念认为，基金要“按照审慎投资、安全至上、控制风险、提高收益的方针进行投资运营管理，确保基金安全，实现保值增值”。养老基金把资金安全放在首要位置，这种投资风格与 ESG 投资理念高度契合。

养老金基金资金体量大，其资产的风险外延线也更广、风险暴露更多，投资组合更容易受物理风险和转型风险影响。养老基金是资本市场的巨无霸，世界知名的养老基金动辄几千亿美元甚至上万亿美元，投资的产业渗透于社会的方方面面，从体量上说，这种巨无霸资产与气候变化的宏观风险是最匹配的。

从气候机遇方面看，气候变化风险也会带来投资机会，比如促进能源转型的新能源项目等，它们一般具有资金需求大、投资周期长的特点，小资金没有能力参与，最适合养老金基金进行跨周期投资。

气候风险信息披露

气候风险信息披露是公司治理的重要内容，一方面看，这是金融监管的大势所趋，世界各国的监管机构大多依据 TCFD 框架提出信息披露要求。比如，香港联交所在 2021 年 11 月发布《气候变化信息披露指引》，要求上市公司在 2025 年之前，依据 TCFD 标准发布独立的气候变化报告，或者在 ESG 报告中专辟气候变化应对章节，从治理体系、风险管理、发展战略和指标体系等四个方面进行气候风险信息披露。

澳大利亚是受气候变化冲击较大的国家，2021 年 4 月，澳大利亚审慎监管局（APRA）发布关于气候变化金融风险的实践指南草案（CPG 229），进一步明确气候风险管理的相关政策指引和法律规范。

在这种监管趋势下，气候风险信息披露不合规容易引发诉讼风险，这正是本案列示的情况。澳大利亚养老基金面临的情况，在世界各国的养老基金同样存在。除澳大利亚之外，美国、英国、欧盟、新西兰、加拿大和西班牙等国家和地区的基金，都曾发生过涉及气候风险管理的诉讼。

基金受托人必须谨慎、专业和勤奋地开展工作。养老基金、主权财富基金以及保险资金等体量庞大的超级基金，在这方面尤其要有更高要求，他们要以受益人的最佳利益为出发点谨慎展开投资。这里说的受益人最佳利益，不仅仅包括投资回报，同样包括妥善有效地应对气候风险，并将相关信息及时向公众披露。

林业碳汇项目开发[①]

林业碳汇的定义

林业碳汇是指通过实施造林、再造林、森林经营管理、减少毁林等活动，通过植被的光合作用吸收大气中的二氧化碳，并将其固定在植被或土壤中，从而降低二氧化碳在大气中浓度的过程、活动或机制。林业碳汇作为《京都议定书》灵活机制下的一个重要项目类型，也是《巴黎协定》所推崇的“自然的解决方案”（Nature-based Solution）中最具代表性的项目类型，具有比其他减排方式更高效和更经济的特点。

河南方城县和唐河县造林项目的基本情况

河南省方城县、唐河县造林项目由北京千予汇国际环保投资有限公司依据 VCS 标准开发实施。项目位于河南南阳市方城和唐河两

---

① 本案例由北京千予汇国际环保投资有限公司负责人林宇阳总裁整理并提供，在此表示感谢。

县，总面积为 26 911 公顷。项目计入期从 2015 年 10 月开始，持续 60 年。项目实施之前，该地区近 10 年多的时间内为荒山荒地。当地林业局自 2015 年 10 月开始在荒山上种植 26911 公顷的森林，随着项目的实施，项目区域内将逐步禁止耕作、放牧和砍伐等活动。

河南省方城县、唐河县造林碳汇项目第一批碳汇签发量于 2020 年 10 月由欧盟企业签订预购合约，并于 2021 年 4 月完成交易。

项目收益测算

项目顺利实施将给当地带来环境和社会方面的效益：（1）减少温室气体，缓解气候变化；（2）通过增加森林间的连通性，加强生物多样性保护；（3）加强水土保持力，促进可持续发展；（4）为当地社区创造就业机会，增加额外收入。

据千予汇公司测算，项目预计在后续 60 年内减少 2700 多万吨二氧化碳当量，年均减少 45 万吨二氧化碳当量。计入期 60 年内温室气体减排总量为 27006167 吨二氧化碳当量，平均年减排量为 450102 吨二氧化碳当量。

从经济效益方面看，在中国“双碳”目标和国际《巴黎协定》的减排共识下，估计未来的减排需求会持续增长，40 万亩造林 60 年产生的 2700 万吨碳汇量，预计可实现 30 亿—50 亿元总体生态价值，此生态补偿机制将为当地带来丰厚的绿色收入，实现“绿水青山”与“金山银山”的双赢。

项目实施的政策依据和方法论

有关研究数据显示，中国森林覆盖率将在 2035 年达到 26%，森林蓄积量随之提升到 210 亿立方米。以每立方米森林蓄积量吸收 1.83 吨二氧化碳计，中国目前林业碳汇项目的潜在市场价值已经超过千亿元，随着森林固碳量的快速增长，一个过万亿元的林业碳汇市场已经近在眼前。[①] 林业碳汇项目开发具有周期长和政策性强的特点，随着国家支持政策的密集出台，当下正是布局投资林业碳汇的最佳时点。

表 7–1　与林业碳汇相关的国家政策

时间	发布部门	文件名称	关键字
2021 年 10 月	国务院	《2030 年前碳达峰行动方案》	国家将重点实施的“碳达峰十大行动”，包括碳汇能力巩固提升行动
2021 年 5 月	国务院办公厅	《关于科学绿化的指导意见》	实施森林质量精准提升工程，加大森林抚育、退化林修复力度，优化森林结构和功能，提高森林生态系统质量、稳定性和碳汇能力
2021 年 4 月	中共中央、国务院	《关于建立健全生态产品价值实现》	健全碳排放权交易机制，探索碳汇权益交易试点
2021 年 3 月	生态环境部	《碳排放权交易管理暂行条例（草案修改稿）（征求意见稿）》	国家鼓励企业事业单位在我国境内实施可再生能源、林业碳汇、甲烷利用等项目，实现温室气体排放的替代、吸附或者减少
2021 年 2 月	中共中央、国务院	《关于加快建立健全绿色低碳循环发展经济体系的指导意见》	培育绿色交易市场机制
2020 年 12 月	生态环境部	《碳排放权交易管理办法（试行）》	碳排放配额分配和清缴
2020 年 12 月	生态环境部	《2019—2020 年全国碳排放权交易配额总量设定与分配实施方案（发电行业）》	发电行业重点排放单位配额

① 李梦晨、李洋：《林业碳汇交易制度的改进路径探究》，中央财经大学绿色金融国际研究院，http://iigf.cufe.edu.cn/info/1012/4699.htm

（续表）

时间	发布部门	文件名称	关键字
2019年7月	中共中央办公厅、国务院办公厅	《天然林保护修复制度方案》	通过碳汇交易等方式，筹措天然林保护修复资金
2018年12月	国家发改委、财政部、自然资源部、生态环境部、水利部、农业农村部、人民银行、市场监督总局、国家林草局	《建立市场化、多元化生态保护补偿机制行动计划》	将林业温室气体自愿减排项目优先纳入全国碳排放权交易市场，鼓励通过碳中和、碳普惠等形式支持林业碳汇发展
2018年9月	中共中央、国务院	《乡村振兴战略规划（2018—2022年）》	形成森林、草原、湿地等生态修复工程参与碳汇交易的有效途径
2018年1月	国家发改委	《生态扶贫工作方案》	支持林业碳汇项目获取碳减排补偿
2017年11月	国家林业和草原局	《2017年林业和草原应对气候变化政策与行动白皮书》	增加林业和草原碳汇，提升地方碳汇项目建设能力
2017年7月	国家林业局	《省级林业应对气候变化2017—2018年工作计划》	增加森林碳汇，稳定湿地碳汇，推荐碳汇交易

目前，全球有26个碳抵消机制可签发碳减排量，不同的碳抵消机制所覆盖的行业有所不同(农业、CCUS、能源效率、林业、燃料转型、逸散排放、工业气体、制造业、其他土地使用、可再生能源、交通运输、垃圾)，其中有19个抵消机制覆盖林业碳汇行业。本项目依据的VCS标准基本情况如下：

国际核证碳标准VCS（Verified Carbon Standard，核证碳减排标准）是国际气候组织、国际排放交易协会（IETA）及世界经济论坛（WEF）于2005年联合创立，是目前较为成熟的碳补偿标准，也是世界上应用最广的碳减排计量标准。VCS的项目类型与CDM项目类型基本相同，但 VCS 获得了减排行业的广泛支持。

林业碳汇项目开发，依赖于国际机构提供的开发和认证标准，具有高度的专业性和政策性，需要碳汇计量、监测等专业技术的支撑，项目认证过程中文件审查非常严格、手续复杂，一般来说，项目开发的周期长、前期开发成本较高，需要专业化的咨询与第三方组织的校证帮助实施。

根据本案开发的实际经验，北京千予汇公司总结出项目审定的八个基本流程，分别为：（1）项目设计文件组成内容的完整性；（2）项目边界的图形文件；（3）实施项目土地的权属和土地合格性证明；（4）营业执照的经营范围；（5）满足方法学适用条件证据的合理性；（6）项目具有额外性的证据；（7）证明项目开始时间的途径；（8）所示公式的数据、参数选择来源的合理性、适用性。

林业碳汇项目开发常用的方法学文件如下图：

国内项目开发常用的方法学

- 《CDM除湿地外的土地造林和再造林项目方法学》
- 《CDM退化的红树林栖息地的造林和再造林项目方法学》
- 《CDM湿地造林和再造林项目方法学》
- 《VCS改进森林经营将用材林转变为保护林碳汇项目方法学》
- 《CCER碳汇造林项目方法学》
- 《CCER森林经营碳汇项目方法学》

林业碳汇项目类型

- 造林、再造林和重新植被
- 改善森林管理
- 减少森林砍伐和退化导致的排放
- 湿地恢复与保护

VCS 农林项目方法学列表
Methodolgy for Improved Forest Management through Extension of Rotation Age, v1.2
Methodology for Conservation Projects that Avoid Planned Land Use Conversion in Peat SwampForests, v1.0
Methodology for Conversion of Low-productive Forest to High-productive Forest, v1.2
Methodology for Carbon Accounting for Mosaic and Landscape-scale REDD Profects, v2.2
REDD+ Methodology Framework (REDD-MF), v1.5
Methodology for Avoided Ecosystem Conversion, v3.0
Methodology for Improved Forest Management: Conversion from Logged to Protected Forest, v1.3
Methodology for Calculating GHG Benefits from Preventing Planned Degradation, v1.0
Improved Forest Management in Temperate and Boreal Forests (LtPF), v1.2
Methodology for Avoided Unplanned Deforestation, v1.1
Methodology for Avoided Forest Degradation through Fire Management, v1.0
British Columbia Forest Carbon Offset Methodology, v1.0
Methodology for Improved Forest Management through Reduced Impact Logging v1.0
Methodology for Implementation of REDD+ Activities in Landscapes Affected by Mosaic Deforestation and Degradation, v1.0
Methodology Method for Reduced Impact Logging in East and North Kalimantan v1.0
Tool for the Demonstration and Assessment of Additionality in VCS Agriculture, Forestry and Other Land Use (AFOLU) Project Activities, v3.0
Methodology for Conservation Profects that Avoid Planned Land Use Conversion in Peat Swamp Forests, v1.0
REDD+ Methodology Framework (REDD-MF), v1.5
Methodology for Coastal Wetland Creation, v1.0
Methodology for Rewetting Drained Tropical Peatlands, v1.0
Methodology for Tidal Wetland and Seagrass Restoration, V1.0
Methodology for Rewetting Drained Temperate Peatlands
Methodology for Avoided Ecosystem Conversion, v3.0
Soil Carbon Quantification Methodology, v1.0
Methodology for Sustainable Grassland Management (SGM)
Methodology for the Adoption of Sustainable Grasslands through Adjustment of Fire and Grazing

图 7-1　林业碳汇开发方法学

项目使用的减排量测算基础公式如下：

项目减排量 = 项目碳汇量 − 基线碳汇量 − 泄漏量

项目碳汇量 = 各碳库中碳储量变化之和 − 非 CO_2 的温室气体排放的增加量

碳库的碳储量变化量 = Σ Δ 变化量 (t) [(林木生物质碳储量 + 枯死木碳储量 + 枯落物碳储量 + 收获木产品碳储量)]

基线碳汇量 = (基线林木 + 基线枯死木 + 基线枯落物) × 生物质碳储量的年变化量 + 基线情景下生产的木产品碳储量的年变化量

正确计算项目减排量要求准确输入数据源，确认合适的排放因子，运用正确的公式，以及校表、数据整合和计算的准确。减排量计算错误会导致项目申请失败。

截至 2021 年，中国共有 39 个林业碳汇 VCS 项目成功注册备案。VCS 注册周期一般为 18—24 个月，单项目注册费用收取 10000 美元，签发周期一般为 1 个月，费用大约 0.15 美元 / 吨，其他项目开发的相关咨询和认证费用从数十万到上百万美元不等，依照项目类型和规模而定。VCS 标准签发的碳汇可以在国际市场出售，买方可用于实现自愿性减排目标，或者通过碳市场交易来实现环境权益项下的外汇业务收入。①

① VCS 官方网站，http://v-c-s.org/develop-project。

附录

MSCI 中国A股人民币ESG通用指数

2022年2月28日

指数成分股

股票名称	证券代码	指数权重（%）
CHINA MERCHANTS BANK A	600036 CG Equity	4.21%
KWEICHOW MOUTAI A	600519 CG Equity	3.69%
CONTEMPORARY A	300750 CS Equity	3.06%
WUXI APPTEC CO A	603259 CG Equity	1.75%
LONGI GREEN ENERGY A	601012 CG Equity	1.72%
SHENZHEN MINDRAY A	300760 CS Equity	1.63%
INDUSTRIAL BANK A	601166 CG Equity	1.50%
BYD CO A	002594 CS Equity	1.48%
PING AN INSURANCE A	601318 CG Equity	1.35%
CHINA TOURISM GROUP A	601888 CG Equity	1.30%
LUXSHARE PRECISION IND A	002475 CS Equity	1.25%
WULIANGYE YIBIN A	000858 CS Equity	1.21%
ICBC A	601398 CG Equity	1.20%
SUNGROW POWER SUPPLY A	300274 CS Equity	1.16%
JIANGSU YANGHE BREWERY A	002304 CS Equity	1.02%
PING AN BANK CO A	000001 CS Equity	1.00%
BANK OF NINGBO A	002142 CS Equity	0.95%
CHINA YANGTZE POWER A	600900 CG Equity	0.88%
CITIC SECURITIES CO A	600030 CG Equity	0.81%
SHANGHAI PUDONG DEV BK A	600000 CG Equity	0.81%
AGRI BANK OF CHINA A	601288 CG Equity	0.73%
HAIER SMART HOME CO A	600690 CG Equity	0.66%
BAOSHAN IRON & STEEL A	600019 CG Equity	0.66%
POLY DEV & HLDGS GRP A	600048 CG Equity	0.62%
MUYUAN FOODSTUFF A	002714 CS Equity	0.62%
BANK OF COMMUNICATIONS A	601328 CG Equity	0.62%
CHINA VANKE CO A	000002 CS Equity	0.61%
WINGTECH TECHNOLOGY CO A	600745 CG Equity	0.60%
CHINA PACIFIC INS GRP A	601601 CG Equity	0.59%
INNER MONGOLIA YILI A	600887 CG Equity	0.59%
SHANXI XINGHUACUN FEN A	600809 CG Equity	0.58%
JIANGXI GANFENG LITHIU A	002460 CS Equity	0.57%
FOSHAN HAITIAN FLAVOR A	603288 CG Equity	0.57%
LUZHOU LAOJIAO CO A	000568 CS Equity	0.52%
WENS FOODSTUFF GROUP A	300498 CS Equity	0.51%
ZHEJIANG HUAYOU COBALT A	603799 CG Equity	0.49%
WANHUA CHEMICAL GROUP A	600309 CG Equity	0.49%
POSTAL SAVINGS BANK A	601658 CG Equity	0.49%

S F HOLDING CO A	002352 CS Equity	0.49%
HUATAI SECURITIES CO A	601688 CG Equity	0.48%
YUNNAN BAIYAO GROUP CO A	000538 CS Equity	0.47%
ZTE CORP A	000063 CS Equity	0.46%
FOCUS MEDIA INFO TECH A	002027 CS Equity	0.46%
CSC FINANCIAL CO A	601066 CG Equity	0.46%
CHINA MINSHENG BANK A	600016 CG Equity	0.45%
EAST MONEY INFORMATION A	300059 CS Equity	0.45%
CHINA EVERBRIGHT BANK A	601818 CG Equity	0.45%
CHINA MOLYBDENUM CO A	603993 CG Equity	0.44%
BOE TECHNOLOGY GROUP A	000725 CS Equity	0.43%
JIANGSU HENGRUI MED A	600276 CG Equity	0.42%
YONYOU NETWORK TECH CO A	600588 CG Equity	0.42%
EVE ENERGY A	300014 CS Equity	0.42%
SHENZHEN INOVANCE TECH A	300124 CS Equity	0.41%
TONGWEI CO A	600438 CG Equity	0.40%
CHINA MERCHANTS SEC A	600999 CG Equity	0.39%
YUNNAN ENERGY NEW A	002812 CS Equity	0.38%
IFLYTEK CO A	002230 CS Equity	0.37%
MAXSCEND MICROELECTRS A	300782 CS Equity	0.37%
GOERTEK A	002241 CS Equity	0.37%
COSCO SHIPPING HLDGS A	601919 CG Equity	0.36%
FUYAO GROUP GLASS IND A	600660 CG Equity	0.36%
GF SECURITIES CO A	000776 CS Equity	0.36%
ZHANGZHOU PIENTZEHUANG A	600436 CG Equity	0.36%
BANK OF CHINA A	601988 CG Equity	0.36%
HAITONG SECURITIES CO A	600837 CG Equity	0.36%
ZHEJIANG CHINT ELECT A	601877 CG Equity	0.35%
CHINA STATE CONST ENGR A	601668 CG Equity	0.35%
WILL SEMICONDUCTOR A	603501 CG Equity	0.35%
BEIJING SHANGHAI HIGH A	601816 CG Equity	0.35%
HENAN SHUANGHUI INV A	000895 CS Equity	0.34%
CHONGQING ZHIFEI BIO A	300122 CS Equity	0.34%
ASYMCHEM LABORATORIES A	002821 CS Equity	0.34%
XINJIANG GOLDWIND SCI A	002202 CS Equity	0.34%
BEIJING KINGSOFT A	688111 CG Equity	0.34%
GREAT WALL MOTOR A	601633 CG Equity	0.33%
SHANGHAI PUTAILAI NEW A	603659 CG Equity	0.33%
ANHUI CONCH CEMENT A	600585 CG Equity	0.33%
BANK OF SHANGHAI CO A	601229 CG Equity	0.33%
NARI TECHNOLOGY DEV A	600406 CG Equity	0.32%
AIER EYE HOSPITAL GRP A	300015 CS Equity	0.32%
HUNDSUN TECHNOLOGIES A	600570 CG Equity	0.31%
BANK OF BEIJING A	601169 CG Equity	0.31%
RONGSHENG PETRO CHEM A	002493 CS Equity	0.31%
WALVAX BIOTECHNOLOGY A	300142 CS Equity	0.30%
CHINA SOUTHERN AIRLINE A	600029 CG Equity	0.30%
CHINA NORTHERN RARE A	600111 CG Equity	0.29%
FUTURE LAND HLDGS A	601155 CG Equity	0.28%
SHANGHAI FOSUN PHARMA A	600196 CG Equity	0.28%

BANK OF HANGZHOU CO A	600926 CG Equity	0.28%
SANY HEAVY INDUSTRY CO A	600031 CG Equity	0.27%
CHINA SHENHUA ENERGY A	601088 CG Equity	0.27%
CHONGQING BREWERY CO A	600132 CG Equity	0.27%
CHINA MERCHANTS SHEKOU A	001979 CS Equity	0.26%
PHARMARON BEIJING A	300759 CS Equity	0.26%
CHINA LIFE INSURANCE A	601628 CG Equity	0.26%
NAURA TECHNOLOGY GROUP A	002371 CS Equity	0.26%
GUANGZHOU KINGMED A	603882 CG Equity	0.26%
TIANJIN ZHONGHUAN SC A	002129 CS Equity	0.25%
JA SOLAR TECHNOLOGY CO A	002459 CS Equity	0.25%
360 SECURITY TECH A	601360 CG Equity	0.25%
THUNDER SOFTWARE TECH A	300496 CS Equity	0.24%
ORIENT SECURITIES CO A	600958 CG Equity	0.24%
HENGLI PETROCHEMICAL A	600346 CG Equity	0.24%
SHANDONG NANSHAN ALUM A	600219 CG Equity	0.24%
CHINA CONSTRUCTION BK A	601939 CG Equity	0.24%
HUAXIA BANK A	600015 CG Equity	0.24%
GEMDALE CORP A	600383 CG Equity	0.24%
SAIC MOTOR CORPORATION A	600104 CG Equity	0.23%
SHANGHAI ELECTRIC GRP A	601727 CG Equity	0.23%
CRRC CORP A	601766 CG Equity	0.23%
SHAANXI COAL INDUSTRY A	601225 CG Equity	0.23%
CHINA PETRO & CHEM A	600028 CG Equity	0.23%
INDUSTRIAL SEC CO A	601377 CG Equity	0.22%
CHINA JUSHI CO A	600176 CG Equity	0.22%
AECC AVIATION POWER CO A	600893 CG Equity	0.22%
UNIGROUP GUOXIN MICRO A	002049 CS Equity	0.22%
SUNING.COM CO A	002024 CS Equity	0.22%
TSINGTAO BREWERY A	600600 CG Equity	0.22%
TOPCHOICE MEDICAL CORP A	600763 CG Equity	0.21%
ECOVACS ROBOTICS A	603486 CG Equity	0.21%
MANGO EXCELLENT MEDIA A	300413 CS Equity	0.21%
CHAOZHOU THREE CIRCLE A	300408 CS Equity	0.21%
CHINA RAILWAY GROUP A	601390 CG Equity	0.21%
UNISPLENDOUR CO A	000938 CS Equity	0.21%
GUOTAI JUNAN SEC CO A	601211 CG Equity	0.21%
PETROCHINA CO A	601857 CG Equity	0.20%
JIANGSU EASTERN A	000301 CS Equity	0.20%
INNER MONGOLIA BAOTOU A	600010 CG Equity	0.20%
SANGFOR TECH A	300454 CS Equity	0.20%
INSPUR ELECTRS INFO A	000977 CS Equity	0.20%
CHINA UTD NETWK COMMU A	600050 CG Equity	0.19%
POWER CONSTR CORP A	601669 CG Equity	0.19%
TCL TECHNOLOGY GRP A	000100 CS Equity	0.19%
WUHU SANQI INTERACTIVE A	002555 CS Equity	0.19%
JIANGSU ZHONGTIAN TECH A	600522 CG Equity	0.19%
CHINA ZHESHANG BANK CO A	601916 CG Equity	0.19%
SHENZHEN OVERSEAS CHIN A	000069 CS Equity	0.19%
HANGZHOU FIRST APPLIED A	603806 CG Equity	0.19%

SHENGYI TECHNOLOGY A	600183 CG Equity	0.18%
GOTION HIGH TECH CO A	002074 CS Equity	0.18%
GUANGDONG HAID GRP CO A	002311 CS Equity	0.18%
CHINA NATL NUCLEAR PWR A	601985 CG Equity	0.18%
NINGXIA BAOFENG ENERGY A	600989 CG Equity	0.18%
ALUMINUM CORP OF CHINA A	601600 CG Equity	0.17%
WUXI LEAD INTG EQUIP A	300450 CS Equity	0.17%
IMEIK TECHNOLOGY DEV A	300896 CS Equity	0.17%
GUANGZHOU BAIYUNSHAN A	600332 CG Equity	0.17%
SUZHOU TA&A ULTRA A	300390 CS Equity	0.17%
EVERBRIGHT SEC CO A	601788 CG Equity	0.17%
SHENWAN HONGYUAN GROUP A	000166 CS Equity	0.17%
WEICHAI POWER CO A	000338 CS Equity	0.17%
BEIJING WANTAI A	603392 CG Equity	0.17%
GIGA DEVICE SC BEIJING A	603986 CG Equity	0.17%
FOXCONN INDUSTRIAL CO A	601138 CG Equity	0.17%
CHENGXIN LITHIUM GRP A	002240 CS Equity	0.17%
GUANGZHOU TINCI MATRLS A	002709 CS Equity	0.17%
SHANGHAI M&G A	603899 CG Equity	0.17%
MING YANG SMART ENER A	601615 CG Equity	0.16%
ZOOMLION HEAVY IND SCI A	000157 CS Equity	0.16%
JCET GROUP CO A	600584 CG Equity	0.16%
HUADONG MEDICINE CO A	000963 CS Equity	0.16%
CHINA EASTERN AIRLINES A	600115 CG Equity	0.16%
AIR CHINA A	601111 CG Equity	0.16%
BANK OF JIANGSU CORP A	600919 CG Equity	0.16%
CHINA CSSC HOLDINGS A	600150 CG Equity	0.16%
BANK OF NANJING A	601009 CG Equity	0.16%
LEPU MEDICAL TECH A	300003 CS Equity	0.16%
CHANGJIANG SECURITIES A	000783 CS Equity	0.16%
HANGZHOU TIGERMED A	300347 CS Equity	0.16%
CHINA INTL CPTL CORP A	601995 CG Equity	0.15%
SHENZHEN TRANSSION A	688036 CG Equity	0.15%
ANHUI GUJING DISTILLER A	000596 CS Equity	0.15%
ZHESHANG SECURITIES CO A	601878 CG Equity	0.15%
FOUNDER SECURITIES A	601901 CG Equity	0.15%
CHANGZHOU XINGYU AUTO A	601799 CG Equity	0.14%
ZHEJIANG NHU CO A	002001 CS Equity	0.14%
KUANG CHI TECH CO A	002625 CS Equity	0.14%
JIANGSU HENGLI HYDRAUL A	601100 CG Equity	0.14%
CHINA RAILWAY SIGNAL A	688009 CG Equity	0.14%
CHINA GALAXY SEC A	601881 CG Equity	0.14%
YANTAI JEREH OILFIELD A	002353 CS Equity	0.14%
NANJING KING FRIEND A	603707 CG Equity	0.14%
ENN NATURAL GAS CO A	600803 CG Equity	0.14%
SHANGHAI YUYUAN TOURIS A	600655 CG Equity	0.14%
BY-HEALTH CO A	300146 CS Equity	0.14%
ZHEJIANG JINGSHENG A	300316 CS Equity	0.14%
SKSHU PAINT A	603737 CG Equity	0.14%
CHONGQING CHANGAN AUTO A	000625 CS Equity	0.13%

PEOPLE'S INSURANCE CO A	601319 CG Equity	0.13%
SG MICRO A	300661 CS Equity	0.13%
SONGCHENG PERF DEV CO A	300144 CS Equity	0.13%
SHIJIAZHUANG YILING A	002603 CS Equity	0.13%
HUAYU AUTOMOTIVE SYS A	600741 CG Equity	0.13%
WUS PRINTED CIRCUIT A	002463 CS Equity	0.13%
ZHEJIANG JIUZHOU PHARM A	603456 CG Equity	0.13%
NEW CHINA LIFE INS A	601336 CG Equity	0.13%
ADV MICRO FABRICATION A	688012 CG Equity	0.13%
YANKUANG ENERGY GRP CO A	600188 CG Equity	0.13%
SATELLITE CHEMICAL CO A	002648 CS Equity	0.13%
BEIJING EASPRING MATRL A	300073 CS Equity	0.13%
YIHAI KERRY ARAWANA A	300999 CS Equity	0.13%
SINOLINK SECURITIES CO A	600109 CG Equity	0.13%
SHANDONG GOLD-MINING A	600547 CG Equity	0.12%
TEBIAN ELEC APPARATUS A	600089 CG Equity	0.12%
HANGZHOU SILAN MICROEL A	600460 CG Equity	0.12%
SHANDONG HUALU HENGSHE A	600426 CG Equity	0.12%
ZHEJIANG WEIXING NEW A	002372 CS Equity	0.12%
JAFRON BIOMEDICAL A	300529 CS Equity	0.12%
CHANGCHUN HIGH & NEW A	000661 CS Equity	0.12%
WUCHAN ZHONGDA GROUP A	600704 CG Equity	0.12%
GREENLAND HOLDINGS CO A	600606 CG Equity	0.12%
JOINN LABS CHINA CO A	603127 CG Equity	0.12%
METALLURGICAL CHINA A	601618 CG Equity	0.12%
SHANGHAI CONSTRUCTION A	600170 CG Equity	0.12%
LENS TECHNOLOGY A	300433 CS Equity	0.12%
ZHEJIANG SANHUA INTG A	002050 CS Equity	0.12%
SHANGHAI PHARMA A	601607 CG Equity	0.12%
YIFENG PHARMACY CHAIN A	603939 CG Equity	0.12%
CHINA BAOAN GROUP A	000009 CS Equity	0.12%
MEINIAN ONEHEALTH A	002044 CS Equity	0.12%
CHINA RES SANJIU MED A	000999 CS Equity	0.11%
HUAXIN CEMENT A	600801 CG Equity	0.11%
SDIC POWER HOLDINGS CO A	600886 CG Equity	0.11%
OVCTEK CHINA A	300595 CS Equity	0.11%
FLAT GLASS GROUP CO A	601865 CG Equity	0.11%
NEW HOPE LIUHE CO A	000876 CS Equity	0.11%
CHONGQING RURAL COMM A	601077 CG Equity	0.11%
KINGFA SCI & TECH CO A	600143 CG Equity	0.11%
ZHEJIANG HUAHAI PHARMA A	600521 CG Equity	0.11%
YEALINK NETWORK TECH A	300628 CS Equity	0.11%
SHENZHEN GREEN ECO MFG A	002340 CS Equity	0.11%
JONJEE HIGH-TECH INDL A	600872 CG Equity	0.11%
WESTERN SECURITIES CO A	002673 CS Equity	0.11%
CAITONG SECURITIES CO A	601108 CG Equity	0.11%
APELOA PHARMACEUTICAL A	000739 CS Equity	0.11%
GUOSEN SECURITIES CO A	002736 CS Equity	0.11%
NINGBO TUOPU A	601689 CG Equity	0.11%
JIANGSU KINGS LUCK A	603369 CG Equity	0.11%

HUANENG POWER INTL A	600011 CG Equity	0.11%
OPPEIN HOME GROUP CO A	603833 CG Equity	0.11%
PERFECT WORLD CO A	002624 CS Equity	0.10%
CHINA NATIONAL CHEM A	601117 CG Equity	0.10%
LB GROUP CO A	002601 CS Equity	0.10%
G BITS NETWORK TECH A	603444 CG Equity	0.10%
GINLONG TECHNOLOGIES A	300763 CS Equity	0.10%
ANGEL YEAST CO A	600298 CG Equity	0.10%
SINOPEC SHANGHAI PETR. A	600688 CG Equity	0.10%
STARPOWER SEMICONDUCT A	603290 CG Equity	0.10%
SHANXI MEIJIN ENERGY A	000723 CS Equity	0.10%
TIANFENG SECURITIES CO A	601162 CG Equity	0.10%
HUIZHOU DESAY SV AUTO A	002920 CS Equity	0.10%
QIAQIA FOOD CO A	002557 CS Equity	0.10%
ANJOY FOODS GROUP CO A	603345 CG Equity	0.10%
JOINCARE PHARMA GRP A	600380 CG Equity	0.10%
YONGXING SPECIAL MATRL A	002756 CS Equity	0.10%
SHANGHAI BAOSIGHT SOFT A	600845 CG Equity	0.10%
SUNWODA ELECTRONIC A	300207 CS Equity	0.10%
LIVZON PHARMACEUTICAL A	000513 CS Equity	0.10%
ZHEJIANG WOLWO BIO A	300357 CS Equity	0.10%
SICHUAN ROAD&BRIDGE LT A	600039 CG Equity	0.10%
TRANSFAR ZHILIAN CO A	002010 CS Equity	0.10%
GUOLIAN SECURITIES A	601456 CG Equity	0.10%
MONTAGE TECH A	688008 CG Equity	0.10%
HITHINK ROYALFLUSH A	300033 CS Equity	0.10%
SHENZHEN KANGTAI A	300601 CS Equity	0.10%
CANSINO BIOLOGICS A	688185 CG Equity	0.10%
BEIJING SINNET TECH A	300383 CS Equity	0.09%
JIANGXI COPPER CO A	600362 CG Equity	0.09%
GUANGZHOU SHIYUAN A	002841 CS Equity	0.09%
SHENZHEN ENERGY GROUP A	000027 CS Equity	0.09%
SHENNAN CIRCUITS CO A	002916 CS Equity	0.09%
SUZHOU MAXWELL TECH A	300751 CS Equity	0.09%
YUNDA HOLDING CO A	002120 CS Equity	0.09%
INTCO MEDICAL TECH CO A	300677 CS Equity	0.09%
ZHEJIANG DAHUA TECH A	002236 CS Equity	0.09%
SHENZHEN SALUBRIS PHA A	002294 CS Equity	0.09%
JIUGUI LIQUOR A	000799 CS Equity	0.09%
GUANGZHOU YUEXIU FINL A	000987 CS Equity	0.09%
ZHEJIANG SUPOR COOK CO A	002032 CS Equity	0.09%
YTO EXPRESS GROUP CO A	600233 CG Equity	0.09%
NINESTAR CORP A	002180 CS Equity	0.09%
AVARY HOLDING SHENZHEN A	002938 CS Equity	0.09%
FIRST CAPITAL SEC A	002797 CS Equity	0.09%
RIYUE HEAVY INDUSTRY A	603218 CG Equity	0.09%
SHANGHAI INTL PORT A	600018 CG Equity	0.09%
TONGKUN GROUP CO A	601233 CG Equity	0.09%
WUHAN GUIDE INFRARED A	002414 CS Equity	0.09%
INGENIC SEMICONDUCTOR A	300223 CS Equity	0.09%

BANK OF CHENGDU CO A	601838 CG Equity	0.09%
SHANGHAI JINGIANG INTL A	600754 CG Equity	0.08%
BEIJING NEW BLDG MATRL A	000786 CS Equity	0.08%
SHANGHAI INTL AIRPORT A	600009 CG Equity	0.08%
GD POWER DEV CO A	600795 CG Equity	0.08%
NATIONAL SILICON IND A	688126 CG Equity	0.08%
SINOMA SCIENCE & TECH A	002080 CS Equity	0.08%
ZHONGTAI SECURITIES CO A	600918 CG Equity	0.08%
DONG E E JIAO CO A	000423 CS Equity	0.08%
WINNING HEALTH TECH A	300253 CS Equity	0.08%
SICHUAN SWELLFUN CO A	600779 CG Equity	0.08%
ZHEJIANG CENTURY A	002602 CS Equity	0.08%
AVIC ELECMECH SYSTEM A	002013 CS Equity	0.08%
JINKE PROPERTY GROUP A	000656 CS Equity	0.08%
BBMG CORP A	601992 CG Equity	0.08%
GUANGHUI ENERGY CO A	600256 CG Equity	0.08%
BEIJING SHIJI INFO A	002153 CS Equity	0.08%
SDIC CAPITAL CO A	600061 CG Equity	0.08%
HANGZHOU ROBAM APPL A	002508 CS Equity	0.08%
HUALAN BIOLOGICAL ENGR A	002007 CS Equity	0.08%
HONGFA TECHNOLOGY CO A	600885 CG Equity	0.08%
HUAXI SECURITIES CO A	002926 CS Equity	0.08%
HENGYI PETROCHEM CO A	000703 CS Equity	0.08%
HUBEI XINGFA CHEM GRP A	600141 CG Equity	0.08%
ANHUI KOUZI DISTILLERY A	603589 CG Equity	0.07%
DONGFANG ELECTRIC CORP A	600875 CG Equity	0.07%
YUNNAN ALUMINIUM CO A	000807 CS Equity	0.07%
SHANGHAI LINGANG HLDGS A	600848 CG Equity	0.07%
SHANGHAI RAAS BLOOD A	002252 CS Equity	0.07%
HUAFON CHEMICAL CO A	002064 CS Equity	0.07%
JASON FURNITURE A	603816 CG Equity	0.07%
SICHUAN CHUANTOU ENER A	600674 CG Equity	0.07%
WUXI SHANGJI AUTOM CO A	603185 CG Equity	0.07%
SHANXI COKING COAL A	000983 CS Equity	0.07%
XCMG CONST MACHINERY A	000425 CS Equity	0.07%
RISESUN REAL ESTATE A	002146 CS Equity	0.07%
LINGYI ITECH GUANGDONG A	002600 CS Equity	0.07%
BEIJING ROBOROCK TECH A	688169 CG Equity	0.07%
ZHUZHOU KIBING GROUP A	601636 CG Equity	0.07%
INNER MONGOLIA JUNZHEN A	601216 CG Equity	0.07%
SHANXI LUAN ENV ENERGY A	601699 CG Equity	0.07%
SHANXI TAIGANG STAIN. A	000825 CS Equity	0.07%
SHENZHEN HUIDING TECH A	603160 CG Equity	0.07%
TONGLING NONFERROUS A	000630 CS Equity	0.07%
UNIVERSAL SCI INDL A	601231 CG Equity	0.07%
BEIJING UNITED INFO A	603613 CG Equity	0.07%
BEIJING SHUNXIN AGRI A	000860 CS Equity	0.07%
HUNAN VALIN STEEL CO A	000932 CS Equity	0.07%
ZHEJIANG LONGSHENG GRP A	600352 CG Equity	0.07%
ZHEJIANG JUHUA CO A	600160 CG Equity	0.06%

SHENZHEN CAPCHEM TECH A	300037 CS Equity	0.06%
FANGDA CARBON NEW MATE A	600516 CG Equity	0.06%
CHINA GREATWALL TECH A	000066 CS Equity	0.06%
NAVINFO CO A	002405 CS Equity	0.06%
JIANGSU YANGNONG CHEM A	600486 CG Equity	0.06%
SHANDONG LINGLONG TYRE A	601966 CG Equity	0.06%
TIANSHUI HUATIAN TECH A	002185 CS Equity	0.06%
WEIHAI GUANGWEI COMPOS A	300699 CS Equity	0.06%
SUZHOU DONGSHAN PREC A	002384 CS Equity	0.06%
BEIJING TIANTAN BIOLOG A	600161 CG Equity	0.06%
PROYA COSMETICS A	603605 CG Equity	0.06%
BEIJING YUANLIU HONGYU A	603267 CG Equity	0.06%
SAILUN GROUP CO A	601058 CG Equity	0.06%
GRG BANKING EQUIPMENT A	002152 CS Equity	0.06%
PANGANG GRP VANADIUM A	000629 CS Equity	0.06%
ADDSINO CO A	000547 CS Equity	0.06%
BGI GENOMICS A	300676 CS Equity	0.06%
HENGTONG OPTIC-ELECTRI A	600487 CG Equity	0.06%
LBX PHARMACY CHAIN JSC A	603883 CG Equity	0.06%
XIAMEN INTRETECH A	002925 CS Equity	0.06%
AVIC INDUSTRY FINANCE A	600705 CG Equity	0.06%
AVIC HELICOPTER CO A	600038 CG Equity	0.06%
SHENGHE RESOURCES HLDG A	600392 CG Equity	0.06%
BEIJING DABEINONG TECH A	002385 CS Equity	0.06%
GUANGDONG KINLONG A	002791 CS Equity	0.06%
SHANGHAI BAIRUN INV A	002568 CS Equity	0.06%
AECC AERO ENGINE CTRL A	000738 CS Equity	0.05%
DONGXING SECURITIES CO A	601198 CG Equity	0.05%
ZHEFU HOLDING GROUP CO A	002266 CS Equity	0.05%
YONGHUI SUPERSTORES CO A	601933 CG Equity	0.05%
CHINA TRANSINFO TECH A	002373 CS Equity	0.05%
SHANDONG SUN PAPER IND A	002078 CS Equity	0.05%
NANJING SECURITIES CO A	601990 CG Equity	0.05%
OFILM GROUP CO A	002456 CS Equity	0.05%
OFFSHORE OIL ENGR A	600583 CG Equity	0.05%
JUEWEI FOOD A	603517 CG Equity	0.05%
LUXI CHEMICAL GROUP A	000830 CS Equity	0.05%
CHINA NATIONAL MEDICI A	600511 CG Equity	0.05%
YOUNGOR GROUP A	600177 CG Equity	0.05%
SOUTHWEST SEC CO A	600369 CG Equity	0.05%
XIAMEN TUNGSTEN CO A	600549 CG Equity	0.05%
CHONGQING FULING ZHAC A	002507 CS Equity	0.05%
ZHEJIANG HANGKE TECH A	688006 CG Equity	0.05%
GUOYUAN SECURITIES CO A	000728 CS Equity	0.05%
ZHONGJI INNOLIGHT A	300308 CS Equity	0.05%
SHENZHEN SC NEW ENERGY A	300724 CS Equity	0.05%
HUMANWELL HEALTHCARE A	600079 CG Equity	0.05%
SOOCHOW SECURITIES A	601555 CG Equity	0.05%
AUTOBIO DIAGNOSTICS A	603658 CG Equity	0.05%
JIANGSU YUYUE MED EQUI A	002223 CS Equity	0.05%

HUADIAN POWER INTL A	600027 CG Equity	0.05%
JIANGSU YOKE TECH A	002409 CS Equity	0.05%
FAW JIEFANG GROUP CO A	000800 CS Equity	0.05%
TIANMA MICROELECTRS A	000050 CS Equity	0.05%
XIAMEN C&D A	600153 CG Equity	0.05%
RAYTRON TECHNOLOGY CO A	688002 CG Equity	0.05%
SINOTRANS A	601598 CG Equity	0.05%
DASHENLIN PHARMA GRP A	603233 CG Equity	0.05%
ZHEJIANG DINGLI MACH A	603338 CG Equity	0.05%
CHINA GREATWALL SEC CO A	002939 CS Equity	0.05%
BEIJING ENLIGHT MEDIA A	300251 CS Equity	0.05%
HESTEEL CO A	000709 CS Equity	0.04%
HANGZHOU OXYGEN PLANT A	002430 CS Equity	0.04%
TIANJIN 712 COMMU A	603712 CG Equity	0.04%
SHANGHAI JAHWA UNITED A	600315 CG Equity	0.04%
CHIFENG JILONG GOLD A	600988 CG Equity	0.04%
HEILONGJIANG AGRI A	600598 CG Equity	0.04%
DAAN GENE CO A	002030 CS Equity	0.04%
YANTAI EDDIE PREC MACH A	603638 CG Equity	0.04%
SHENZHEN SUNLORD ELECT A	002138 CS Equity	0.04%
ANHUI HONGLU STEEL CO A	002541 CS Equity	0.04%
DHC SOFTWARE CO A	002065 CS Equity	0.04%
YINTAI GOLD CO A	000975 CS Equity	0.04%
ZHEJIANG CHINA CMDTY A	600415 CG Equity	0.04%
YUAN LONGPING HIGH A	000998 CS Equity	0.04%
BETTA PHARMACEUTICALS A	300558 CS Equity	0.04%
JOINTOWN PHARMA A	600998 CG Equity	0.04%
NINGBO JOYSON ELECTR A	600699 CG Equity	0.04%
SICHUAN KELUN PHARMA A	002422 CS Equity	0.04%
HUAGONG TECH CO A	000988 CS Equity	0.04%
FUJIAN SUNNER DEV A	002299 CS Equity	0.04%
HEFEI MEIYA OPTOELECTR A	002690 CS Equity	0.04%
GIANT NETWORK GROUP CO A	002558 CS Equity	0.04%
TONGFU MICROELECTRONIC A	002156 CS Equity	0.04%
SHANDONG BUCHANG PHARM A	603858 CG Equity	0.04%
TOLY BREAD CO A	603866 CG Equity	0.04%
WUHU TOKEN SCIENCES A	300088 CS Equity	0.04%
CNNC HUA YUAN TITANIUM A	002145 CS Equity	0.04%
GUANGZHOU HAIGE COMMU A	002465 CS Equity	0.04%
HANG ZHOU GREAT STAR A	002444 CS Equity	0.04%
COSCO SHIPPING ENERGY A	600026 CG Equity	0.04%
BOC INTERNATIONAL A	601696 CG Equity	0.04%
JIANGXI ZHENGBANG TECH A	002157 CS Equity	0.04%
ZHANGJIANG HI TECH A	600895 CG Equity	0.04%
GCL SYS INTGR TECH CO A	002506 CS Equity	0.04%
LAKALA PAYMENT CO A	300773 CS Equity	0.04%
LEYARD OPTOELECTRONIC A	300296 CS Equity	0.04%
SEALAND SECURITIES A	000750 CS Equity	0.03%
SHENZHEN KAIFA TECH CO A	000021 CS Equity	0.03%
SHANXI SECURITIES CO A	002500 CS Equity	0.03%

BEIJING ORIGINWTR TECH A	300070 CS Equity	0.03%
KUNLUN TECH CO A	300418 CS Equity	0.03%
SHENZHEN SUNWAY COMMU A	300136 CS Equity	0.03%
QINGDAO RURAL COMM BK A	002958 CS Equity	0.03%
SHENZHEN MTC CO A	002429 CS Equity	0.03%
FIBERHOME TELECOM TECH A	600498 CG Equity	0.03%
NORTHEAST SECURITIES A	000686 CS Equity	0.03%
C&S PAPER CO A	002511 CS Equity	0.03%
ZHEJIANG SEMIR GARMENT A	002563 CS Equity	0.03%
BEIJING BDSTAR NAVIGAT A	002151 CS Equity	0.03%
BEIJING E-HUALU INFO A	300212 CS Equity	0.03%
TOPSEC TECHNOLOGIES A	002212 CS Equity	0.03%
总计		100%